Mansour Hajji

Modélisation et Commande des Machines Linéaires

AF208945

Mansour Hajji

Modélisation et Commande des Machines Linéaires

Modélisation Analytique, par MEF 3D et Commande avec Compensation des Effets Spéciaux

Presses Académiques Francophones

Impressum / Mentions légales
Bibliografische Information der Deutschen Nationalbibliothek: Die Deutsche Nationalbibliothek verzeichnet diese Publikation in der Deutschen Nationalbibliografie; detaillierte bibliografische Daten sind im Internet über http://dnb.d-nb.de abrufbar.
Alle in diesem Buch genannten Marken und Produktnamen unterliegen warenzeichen-, marken- oder patentrechtlichem Schutz bzw. sind Warenzeichen oder eingetragene Warenzeichen der jeweiligen Inhaber. Die Wiedergabe von Marken, Produktnamen, Gebrauchsnamen, Handelsnamen, Warenbezeichnungen u.s.w. in diesem Werk berechtigt auch ohne besondere Kennzeichnung nicht zu der Annahme, dass solche Namen im Sinne der Warenzeichen- und Markenschutzgesetzgebung als frei zu betrachten wären und daher von jedermann benutzt werden dürften.

Information bibliographique publiée par la Deutsche Nationalbibliothek: La Deutsche Nationalbibliothek inscrit cette publication à la Deutsche Nationalbibliografie; des données bibliographiques détaillées sont disponibles sur internet à l'adresse http://dnb.d-nb.de.
Toutes marques et noms de produits mentionnés dans ce livre demeurent sous la protection des marques, des marques déposées et des brevets, et sont des marques ou des marques déposées de leurs détenteurs respectifs. L'utilisation des marques, noms de produits, noms communs, noms commerciaux, descriptions de produits, etc, même sans qu'ils soient mentionnés de façon particulière dans ce livre ne signifie en aucune façon que ces noms peuvent être utilisés sans restriction à l'égard de la législation pour la protection des marques et des marques déposées et pourraient donc être utilisés par quiconque.

Coverbild / Photo de couverture: www.ingimage.com

Verlag / Editeur:
Presses Académiques Francophones
ist ein Imprint der / est une marque déposée de
OmniScriptum GmbH & Co. KG
Heinrich-Böcking-Str. 6-8, 66121 Saarbrücken, Deutschland / Allemagne
Email: info@presses-academiques.com

Herstellung: siehe letzte Seite /
Impression: voir la dernière page
ISBN: 978-3-8416-3090-2

Zugl. / Agréé par: Tunis, ENIT 2013

Copyright / Droit d'auteur © 2015 OmniScriptum GmbH & Co. KG
Alle Rechte vorbehalten. / Tous droits réservés. Saarbrücken 2015

Table des matières

Chapitre 3 : Développement d'approches de commande avec considération des effets d'extrémités et de bords pour le pilotage des machines linéaires à induction

Conclusion Générale

Liste des figures

Chapitre 2

Chapitre 3

Liste des tableaux

Liste de notations

x, y	: indices respectifs du primaire et du secondaire
(d, q)	: référentiel de Park
p	: nombre de paires de pôles
V_x	: vitesse mécanique de synchronisme, tension aux bornes d'une phase primaire
V_y	: vitesse mécanique du secondaire
v_x	: vitesse électrique de synchronisme
v_y	: vitesse électrique du secondaire
v_g	: vitesse électrique de glissement
ω_x	: vitesse angulaire du champ glissant en régime permanent sinusoïdal
ω_y	: vitesse angulaire électrique
τ	: pas polaire
m	: nombre de phases du primaire
f_x	: fréquence d'entrée
J_c	: densité des courants de conduction
J_s	: densité des courants imposés par la source
J_e	: densité des courants induits
A	: vecteur potentiel magnétique; densité du courant
B	: densité du flux magnétique
E	: intensité du champ électrique ; force électromotrice
H	: intensité du champ magnétique
g	: entrefer
g'	: entrefer équivalent
g_t	: entrefer totale entre les noyaux ferromagnétiques
k	: nombre d'onde
k_c	: coefficient de Karter
k_μ	: coefficient de saturation du circuit magnétique
K_ω	: facteur de bobinage du primaire
k_e	: facteur de l'effet d'extrémités
k_i	: facteur d'atténuation pour l'harmonique fondamental d'espace dans l'i[ème] couche et au glissement égal à 1
σ	: conductivité électrique
σ_i	: conductivité électrique de la i[ème] couche du secondaire du moteur linéaire
μ	: perméabilité magnétique
μ_0	: perméabilité magnétique à vide

μ_r	: perméabilité magnétique relative
μ_{re}	: perméabilité magnétique relative complexe équivalente
v	: harmonique d'espace de la distribution du champ
σ_f	: facteur de forme
ρ	: résistivité électrique

R_x, l_x	: résistances et inductance propre d'une phase du primaire
R_y, l_y	: résistances et inductance propre d'une phase du secondaire
$T_y = L_y/R_y$	: constante de temps du secondaire
$T_x = L_x/R_x$	: constante de temps du primaire
$t_y = l_y/R_y$	: constante de temps de fuite
L_m	: inductance mutuelle cyclique entre primaire et secondaire ou inductance
$L_x = L_m + l_x$	: inductance cyclique du primaire
$L_y = L_m + l_y$	: inductance cyclique du secondaire
X_m	: réactance de magnétisation
Q	: longueur équivalent du primaire
$f(Q)$	: facteur de Duncan
$L_m(Q)$	: inductance mutuelle cyclique affectée par les effets spéciaux
$L_x(Q)$	: inductance cyclique du primaire affectée par les effets spéciaux
$L_y(Q)$	: inductance cyclique du secondaire affectée par les effets spéciaux
$T_y(Q)$	: constante de temps du secondaire affectée par les effets spéciaux
$T_x(Q)$	: constante de temps du primaire affectée par les effets spéciaux
v_{x1}, v_{x2}, v_{x3}	: tensions d'alimentation de phases x_1, x_2, x_3
i_{x1}, i_{x2}, i_{x3}	: courants d'alimentation de phases x_1, x_2, x_3
v_{y1}, v_{y2}, v_{y3}	: tensions d'alimentation de phases y_1, y_2, y_3 $(= 0)$
i_{y1}, i_{y2}, i_{y3}	: courants d'alimentation de phases y_1, y_2, y_3
I_x	: valeur efficace du courant primaire

N	: nombre de spires par phase au primaire du moteur
L_1	: longueur transversale du primaire
L_2	: longueur transversale du secondaire
D	: longueur du primaire
L_{sec}	: longueur de secondaire
h_p	: hauteur du primaire
D_{al}	: épaisseur de la plaque d'aluminium
D_{ir}	: épaisseur de l'acier secondaire
l_d	: largeur d'une dent du primaire
Oe	: ouverture de l'encoche au primaire
τ_d	: pas dentaire
h_e	: Hauteur d'encoche
h_{ov}, t_{ov}	: Dimensions latérales de la couche en aluminium
a	: facteur de remplissage
k_b	: coefficient de bobinage

N_b	: nombre de brin en parallèles par spire
ω_c	: pas de l'enroulement primaire
L_f	: longueur frontale d'une bobine
D_b	: diamètre brin dans une encoche
ρ	: masse volumique
ρ_c	: densité de charge électrique
j	: densité du courant
ν	: réluctivité magnétique
ε	: Permittivité électrique
ϕ_{dx}, ϕ_{qx}	: flux primaires dans le référentiel de Park
ϕ_{dy}, ϕ_{qy}	: flux secondaires dans le référentiel de Park
i_{dx}, i_{qx}	: courants primaires dans le référentiel de Park
i_{dy}, i_{qy}	: courants secondaires dans le référentiel de Park
v_{dx}, v_{qx}	: tensions primaires dans le référentiel de Park
s	: glissement
σ	: coefficient de dispersion
F_e	: force électromagnétique
F_r	: force de charge
m	: masse du système en mouvement du LIM
d	: coefficient de frottement
K_f	: constante de force

Introduction Générale

Dans plusieurs pays industrialisés, un effort considérable est soutenu depuis quelques années pour le développement de nouvelles techniques de transports terrestre à grande vitesse [1-3] faisant largement appel au moteur linéaire. Parallèlement à ces développements très spectaculaires, un bon nombre d'applications du moteur linéaire se commercialisent à l'heure actuelle dont on distingue particulièrement l'usinage à grande vitesse connu sous le labelle UGV, [3-5]. Néanmoins, les performances des chaînes de motorisation reposant sur l'emploi de ce type d'actionneur souffrent encore de certains inconvénients majeurs inhérents à sa géométrie.

Parmi les caractéristiques importantes de construction d'un moteur linéaire c'est bien l'ouverture de son entrefer, dans la direction du mouvement, qui constitue sa particularité essentielle par rapport aux moteurs rotatifs. La présence de ces ouvertures, à l'entrée et à la sortie, provoque des distorsions importantes dans la distribution du champ, qui influent considérablement les performances de la machine. Ces effets sont d'autant plus sensibles que le moteur doit fonctionner à grande vitesse [6-12].

La longueur limitée du moteur linéaire électrique est, sans conteste, sa particularité dominante. Dans les machines tournantes, les grandeurs électromagnétiques dépendent du bobinage et du temps. Pour les moteurs linéaires, celles-ci sont en plus des fonctions de la géométrie des inducteurs, laquelle n'est pas une fonction périodique de l'espace. Il y aura donc superposition de deux phénomènes. Le premier, pseudo-sinusoïdal et périodique, est crée par le bobinage alimenté en courant alternatif. Le second non sinusoïdal et non périodique, est imposé par la géométrie de la machine. La conséquence essentielle de ce dernier phénomène est l'apparition, dans le secondaire, des courants induits par mouvement dont la réaction d'induit peut, pour des moteurs de faible polarité, être aussi importante que le phénomène induit fondamental. Il s'ensuit une distorsion considérable de l'induction en charge et une baisse importante des performances du moteur suite à l'apparition d'efforts de freinage liés aux courants induits par mouvement [13-16]. Parallèlement, la répartition non uniforme de l'induction à vide comme en charge, modifie de façon non négligeable les impédances mutuelles. Ceci peut entrainer une baisse appréciable du rendement du moteur par suite de l'apparition de potentiels magnétiques pulsants dans l'entrefer.

Dans le but de diminuer l'importance relative de l'effet de longueur finie, on est conduit à accroître la longueur du moteur. Ceci implique, à puissance égale, la diminution de la hauteur active de la machine. Cette démarche augmente alors l'importance relative de l'effet de bord dont l'incidence sur les caractéristiques du moteur n'est plus négligeable. Les moteurs linéaires auront donc simultanément des effets de bord et de longueur finie (effets d'extrémités). Le premier est, pour les machines tournantes, négligeable ou facile à déterminer, le second totalement inexistant. Finalement, suite à la structure massive du secondaire, il apparaît dans ce dernier un effet pelliculaire aussi non négligeable. Ces particularités sont à l'origine d'ondulations parasites de la force de poussée dont il serait souhaitable de s'affranchir par la commande. Pour cela, il est indispensable de modéliser le plus finement possible les différents phénomènes mis en cause.

Depuis plusieurs années, de très nombreuses théories ont été développées pour élaborer des modèles qui tiennent compte de ces phénomènes dans toute leur complexité. Parmi les méthodes que l'on rencontre fréquemment pour modéliser les différents phénomènes qui régissent le fonctionnement de la machine sont de type analytique ou numérique. Les modèles développés montrent que ces effets parasites influencent considérablement les performances de ce type d'actionneur, il est donc indispensable de les caractériser.

C'est dans cette direction que nos travaux de recherche, développés dans ce mémoire de thèse, sont orientés. Principalement, ils portent sur la modélisation avec considération des effets de bords et d'extrémités en vue d'élaborer des commandes pour le pilotage de la Machine Linéaire à Induction (LIM). Dans ce sens, on s'attachera particulièrement au développement des modèles analytiques et numériques permettant la quantification de l'impact de ces effets sur les performances de la machine linéaire utilisée en traction à vitesse et à charge variables.

Le mémoire de cette thèse se présente en trois chapitres :

Les développements menés dans le premier chapitre consistent à exposer les principales techniques de modélisation développées dans la littérature pour la prise en considération des effets spéciaux dans le fonctionnement des moteurs linéaires à induction. Partant des résultats obtenus, nous évaluons et nous décortiquons les points forts ainsi que les limites et les insuffisances de chacune de ces approches de modélisation analytiques. En se basant sur cette étude, nous proposons notre première contribution à la fin de ce chapitre qui consiste à synthétiser une approche de modélisation bâtie essentiellement sur l'approche de Duncan et exploite la méthode de couches pour calculer les paramètres du secondaire en fonction des effets présents lors de fonctionnement de ce type d'actionneur.

Le deuxième chapitre est consacré à la modélisation numérique de la machine linéaire à induction pour différents régimes de fonctionnement. Des modèles éléments finis développés sous un logiciel de calcul des champs seront présentés. Dans un premier temps, la méthode éléments finis 2D (MEF-2D) sera utilisée. Avec ce modèle nous analysons les effets provenant de la longueur finie du moteur alors que les effets de bords seront intégrés en faisant varier la conductivité du secondaire. Partons des résultats obtenus, nous évaluons et nous décortiquons les points forts ainsi que les limites du modèle 2D élaboré. En deuxième lieu et pour surmonter les limites rencontrées, un modèle (MEF-3D) sera développé. Avec cette méthode de modélisation, tous les effets présents lors du fonctionnement de la machine seront pris en compte. Finalement, une étude comparative entre les résultats obtenus sera dégagée.

Dans le troisième chapitre, la méthode éléments finis 3D sera utilisée pour quantifier les effets inhérents à la géométrie de la machine linéaire à induction. L'intégration de ce facteur dans le modèle analytique conduira à l'élaboration d'une stratégie de commande vectorielle avec considération de ces effets applicable expérimentalement. Partons des résultats de simulation, nous montrons que l'influence des effets d'extrémités et de bords sur les performances de cette machine est considérable. Pour remédier à la dépendance des contrôles vectoriels vis-à-vis des paramètres de la machine, une stratégie de commande directe de force sera élaborée. Finalement, un concept de commande sera proposé pour piloter la machine linéaire à vitesse variable tout en compensant les effets parasitaires.

Chapitre 1

Approches analytiques de modélisation de la machine linéaire à induction avec considération des effets d'extrémités et de bords

1. Introduction

La machine linéaire à induction, de part sa simplicité de fabrication et d'entretien, présente, depuis son invention, une solution attractive pour plusieurs industriels. Elle est souvent utilisée dans le domaine des entraînements de fortes et faibles puissances, [17, 18]. Les caractéristiques qui lui ont valu son succès, sont la production d'un déplacement linéaire demandant beaucoup moins d'adaptation que les approches classiques, sa vitesse maximale élevée, et son importante puissance massique, [18, 19, 20].

Toutefois, la simplicité technologique de cet actionneur s'accompagne d'une grande complexité physique liée aux interactions électromagnétiques qui réagissent entre le primaire et le secondaire. En effet, ces interactions dissimulent une grande complexité fonctionnelle inhérente à la non-linéarité, à la difficulté d'identification et aux larges variations paramétriques qui affectent particulièrement le secondaire.

Malgré qu'ils se réfèrent à la même famille, le moteur linéaire et le moteur rotatif présentent des différences aux niveaux de la géométrie et de la technologie de construction. Ces particularités se répercutent sur le fonctionnement du moteur linéaire par la génération d'effets spéciaux, généralement parasitaires et presque absents dans les machines rotatives, [18].

C'est dans ce cadre que les développements de ce premier chapitre sont menés. Ils consistent essentiellement à mettre en œuvre par simulation numérique les principales techniques de modélisation par approches analytiques développées dans la littérature pour la prise en compte des effets spéciaux dans le fonctionnement des moteurs linéaires à induction.

A partir de l'analyse synthétique des résultats obtenus, nous évaluons et décortiquons les points forts ainsi que les limites et les insuffisances de chacune de ces approches de modélisation analytiques. Par la suite et en se basant sur cette étude, nous proposons notre contribution à la fin de ce chapitre qui consiste à synthétiser une approche de modélisation bâtie essentiellement sur l'approche de Duncan et exploitant la méthode de couches pour calculer les paramètres du secondaire en fonction des effets spéciaux qui se manifestent lors du fonctionnement de ce type d'actionneur.

2. Avantages du moteur linéaire

Le moteur linéaire produit un déplacement de translation demandant beaucoup moins d'adaptation que les approches classiques où le mouvement linéaire est obtenu en accouplant un moteur rotatif à une vis à bille ou à une crémaillère. Il y a alors moins de pièces en mouvement et donc moins d'inertie et de jeux. De ce fait, le moteur linéaire s'impose lorsque la vitesse et la précision importent vraiment. En effet, dans certaines applications, les entraînements linéaires conventionnels atteignent souvent leurs limites techniques en termes de dynamique et de précision, affectant considérablement la coordination de la gestion de la force, de la vitesse et de l'accélération, [21, 22].

Les moteurs linéaires autorisent une précision de positionnement extrêmement élevée avec une dynamique supérieure à toute autre solution connue. La force est appliquée directement à la charge le plus efficacement possible, sans pertes dues aux systèmes de transmission et de conversion du mouvement (rotatif en linéaire, par exemple). Le tableau 1.1 illustre l'intérêt de l'utilisation du moteur linéaire par comparaison à celle d'un système moteur rotatif associé à une vis à bille, [23].

Tableau 1.1 : *Comparaison entre un système de translation conventionnel et un LIM, [23, 24].*

Moteur rotatif associé à une vis à bille	Moteur linéaire
- La vitesse maximale d'une vis à bille se situe aux environs de 1.5 m/s.	- La vitesse standard d'un moteur linéaire est de 5 m/s
- Le système rotatif cumule les différents moments d'inertie (axe moteur, couplage, vis…) et la force n'est pas directement appliquée à la charge. L'accélération est limitée par les inerties.	- Pour le moteur linéaire, la force est directement appliquée à la charge et l'accélération peut être beaucoup plus importante.
- Dans un entraînement classique, le codeur se situe dans le moteur, il tient compte d'une position angulaire, mais il ne peut pas déterminer la position exacte de la charge à cause des jeux des différents éléments d'entraînement, ces jeux varient suivant la température (dilatation) et évoluent dans	- Le moteur linéaire dispose d'une tête de lecture optique ou magnétique du codeur linéaire (appelé aussi règle) sur le chariot. La précision de lecture de la position est inférieure au micromètre.

le temps (rodage). - La vis à bille, plus bruyante, en contact mécanique constant, requiert une maintenance périodique. De plus, en moyenne la durée de vie d'une vis à bille est de 1/10 de la durée de vie d'un moteur linéaire. - La vis à billes a besoin de graisse et de lubrifiants qui sont proscrits dans une chambre.	- Le moteur linéaire nécessite peu de maintenance. - Le moteur linéaire, plus propre, utilise des systèmes de refroidissement de guidages à air filtré.

3. Géométries et classifications

Des études ont montré qu'il est possible de générer une force de déplacement linéaire à partir de l'action d'un champ glissant sur un métal non ferromagnétique à haute conductivité électrique, [18, 25]. Cette partie non ferromagnétique du secondaire est donc un circuit électrique conducteur de courant, tandis que la partie ferromagnétique est conductrice aussi bien pour le flux magnétique que pour le courant électrique. Deux possibilités s'offrent au constructeur pour assurer la fermeture du flux inducteur, [25, 26, 27, 28]:

− Associer à la plaque conductrice une culasse magnétique, de préférence feuilletée : on obtient, donc, un moteur à une seule surface équipée de bobinages inducteurs, et appelé simple-face.

− Ou placer deux inducteurs identiques face à face, la plaque conductrice se trouvant alors entre les deux : cet ensemble sera appelé double-face.

Les deux cas peuvent être étudiés avec la même théorie, à condition de négliger d'éventuelles contributions (saturation et courants induits) de la culasse de retour du flux. Pour assurer cette équivalence, il faut que l'épaisseur de l'entrefer pour une machine simple-face soit la moitié de celui d'une machine double-face, de même aussi pour l'épaisseur de la plaque conductrice. En pratique les moteurs linéaires à primaire simple face forment la classe la plus répandue des machines linéaires à induction. De cette configuration sont dérivées plusieurs variantes dont on distingue principalement, [29, 30] :

− Le moteur linéaire à primaire simple comportant un circuit de retour.

− Le moteur à primaire simple, sans circuit magnétique de retour, les lignes d'induction se ferment dans l'air.

− Le moteur linéaire à secondaire en forme d'échelle, dans lequel on dispose, dans les encoches du secondaire ferromagnétique, une échelle conductrice dont les barreaux équivalents aux barres des moteurs à cage et les montants aux anneaux de court-circuit.

− Le moteur linéaire à secondaire composite est constitué d'une feuille conductrice appliquée sur une plaque d'acier magnétique assurant le retour du flux.

– Le moteur linéaire à secondaire magnétique massif.

– Le moteur à primaire recourbé ou moteur en U dont le secondaire peut être situé soit à l'extérieur soit à l'intérieur du dispositif.

Dans cette étude nous nous sommes limités à la configuration la plus répandue pour ce type de moteurs dont le primaire, qui porte les bobinages inducteurs, et limité en longueur et le secondaire est constitué de deux plaques continues et infiniment longues, une plaque conductrice amagnétique homogène et une plaque magnétique massive.

4. Différences essentielles entre les moteurs linéaires et rotatifs

La théorie de la machine rotative s'établit à partir de l'électrodynamique des circuits linéaires, où les courants sont rigidement liés au système de conducteurs qui les véhiculent dans des directions bien déterminées ; on suppose généralement que ces conducteurs sont filamentaires, c'est-à-dire de section nulle. Cependant, le caractère spécifique du moteur linéaire exige des méthodes plus puissantes d'analyse pour déterminer la distribution des champs et des courants qui y sont mis en jeu. En effet, le moteur linéaire diffère du moteur rotatif par les points fondamentaux suivants : un circuit magnétique (primaire) ouvert aux deux extrémités, un secondaire généralement massif, donc sans direction privilégiée pour les courants, et un entrefer important et occupé, dans sa majeure partie, par le secondaire. Toutes ces particularités se répercutent sur son fonctionnement où s'introduisent des effets spéciaux, généralement parasites, et qui interviennent peu dans les machines rotatives. En effet, Dans un moteur rotatif, l'induction est distribuée sous la forme d'une onde tournante qui, à l'échelle du pas polaire, ne représente nulle part dans l'entrefer, de valeur privilégiée. Alors qu'il n'en est plus de même dans les moteurs linéaires où l'induction ne peut être représentée que très approximativement par une onde glissante; elle varie non seulement en phase mais aussi en module, en de nombreux points de l'entrefer, car elle est perturbée par des effets présents dans ce type d'actionneur, que nous classerons en deux catégories : l'effet de longueur finie ou effet d'extrémités, dû principalement aux discontinuités magnétiques à l'entrée et à la sortie de la machine et l'effet de largeur finie, dû à la fermeture des courants à l'intérieur de la partie active de l'induit.

5. Principe de fonctionnement d'un moteur linéaire à induction

Les différents types du moteur linéaire correspondent exactement aux différents moteurs rotatifs du moment que la machine linéaire n'est qu'une machine cylindrique développée.

Ainsi, tout comme pour les moteurs rotatifs, le moteur linéaire à induction est le plus utilisé parmi les différents types des moteurs linéaires, [31, 32]. On utilise généralement les termes primaire et secondaire pour désigner inducteur et induit, au lieu de stator et rotor respectivement. Le schéma de la figure 1.1 représente un moteur linéaire à simple induction où le déplacement du secondaire s'effectue selon l'axe (OX) longitudinal à la vitesse mécanique V_y.

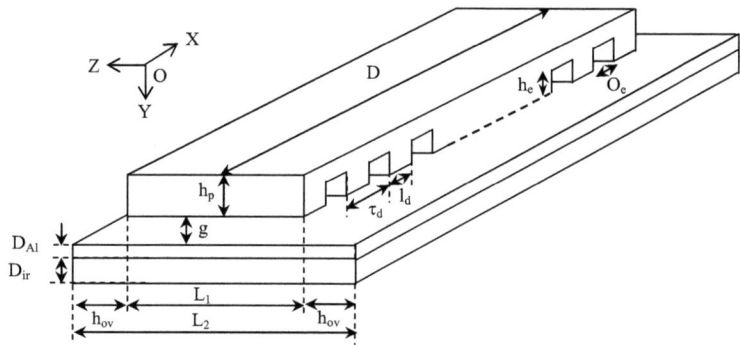

Figure 1.1 : *Structure d'un moteur linéaire à simple-face*

Les enroulements inducteurs du primaire dont la partie active est placée suivant l'axe (OZ), sont logés dans des encoches du primaire et parcourus par des courants circulant dans la direction transversale (OZ). Ceux-ci créent une induction principale dirigée suivant l'axe normal (OY).

Si ce bobinage, convenablement réparti, est alimenté par une source triphasée de pulsation ω_x, l'induction magnétique principale et la force magnétomotrice se propagent suivant l'axe longitudinal (OX) sous la forme d'une onde se déplaçant à la vitesse linéaire [31] :

$$v_x = \omega_x k^{-1} = 2\tau f_x = \lambda f_x \qquad (1.1)$$

Le flux magnétique correspondant, traverse l'entrefer et engendre dans le secondaire des forces électromotrices (f.é.m.), donc des courants. Le flux magnétique dérivant de ces courants glisse par rapport au primaire et au secondaire mais reste immobile par rapport au flux principal. L'interaction de ces deux flux crée une poussée linéaire qui est motrice lorsque la vitesse mécanique V_y de l'induit est inférieure à V_x celle du champ. Le principe élémentaire de fonctionnement est alors, comme pour la machine tournante, celui du couplage magnétique asynchrone. La conception électrique des enroulements inducteurs des moteurs linéaires et rotatifs est assez voisine. Malgré l'analogie élémentaire développée entre les deux machines, il n'en est généralement pas de même de celle du secondaire. En effet, celui-ci est généralement composé d'une couche d'acier ferromagnétique juxtaposée à une plaque conductrice de largeur ($L_2 = 2h_{ov} + L_1$) et d'épaisseur D_{Al} dont une partie qui se trouve entièrement dans le champ principal, est le siège de courants induits. On peut donc la comparer à la partie droite, active, des enroulements rotoriques des moteurs tournants. Les deux bandes latérales de largeur (h_{ov}), situées de part et d'autre de cette partie active, donc hors du champ principal, jouent le rôle de circuits de fermeture pour les courants induits, remplissant ainsi une fonction semblable à celle des têtes de bobines des enroulements classiques. On peut donc, en première approximation, considérer le secondaire du moteur linéaire comme le développement plan d'un rotor à cage ayant un nombre infini de barreaux d'épaisseur arbitrairement petite, [32, 33].

Pour déterminer les performances d'un moteur linéaire à simple induction et pour évaluer l'influence des effets d'extrémités et de bords sur le comportement de ce type d'actionneur plusieurs méthodes de modélisation ont été développées. Deux grandes familles de modèles sont étendues dans la littérature : les modèles analytiques basés sur des circuits externes et les modèles numériques basés sur des circuits internes. Dans la suite de ce chapitre nous développons les méthodes analytiques les plus utilisées alors que les méthodes numériques seront développées dans le second chapitre.

6. Modèles analytiques d'une machine linéaire à induction

Ces méthodes sont basées sur une représentation de la machine en termes de circuits couplés, donc les modèles traités ne sont évidemment utilisables que dans la mesure, où les circuits sont parfaitement identifiés. C'est toujours le cas pour les circuits primaires où les conducteurs sont subdivisés ; mais dans le cas des secondaires cette identification est moins claire. Les inductances propres et mutuelles entre le primaire et le secondaire de la machine prennent une place importante dans cette méthode de modélisation car elles contiennent la signature des différents phénomènes pouvant apparaître au sein de la machine linéaire. Une modélisation précise de ces inductances mènera à un apport d'informations supplémentaires sur les signaux tels que les courants primaires ou encore la vitesse secondaire. Cette approche offre un bon compromis en termes de précision du modèle et de temps de calcul.

Du point de vue électromagnétique, les modèles externes permettent d'avoir une approche globale des performances du MLSI par des considérations sur le flux, les énergies les forces, basés sur la théorie des circuits couplés (schéma équivalent), ces modèles ne sont pas satisfaisants au niveau des grandeurs locales (saturation, courants induits, harmoniques d'espace et de temps, …). De plus, sous certaines hypothèses, l'introduction de coefficients correctifs, généralement empiriques, permet de prendre en compte un certain nombre d'effets présents dans ce type d'actionneur tels que les effets d'extrémités, les effets de bords, les effets de peau et la saturation magnétique.

Dans cette méthode les paramètres du circuit équivalent peuvent être calculés soit en utilisant les essais standards, en admettant que ces paramètres ne varient pas en fonction des différentes conditions de fonctionnement de la machine, soit en utilisant des méthodes numériques (méthode des éléments finis).

Plusieurs méthodes, basées sur les circuits électriques magnétiquement couplés, ont été développées afin de modéliser le moteur linéaire à induction. Ces modèles sont divers et peuvent varier en complexité et/ou en précision selon la méthode de modélisation, [34, 35, 36, 37, 38]. Nous ne les citerons pas tous mais nous pouvons énoncer les plus populaires : la méthode directe, la méthode de Duncan et la méthode des couches.

Ces méthodes ont permis de traiter les différents phénomènes au sein des moteurs linéaires à induction. On présentera brièvement la première méthode et on détaillera les deux dernières méthodes qui sont les plus utilisées.

6.1. Méthode directe

Cette méthode de modélisation parte d'une formulation des champs électromagnétiques issus des équations de Maxwell. Celles-ci régissent tous les phénomènes électromagnétiques, au sein des dispositifs électromagnétiques de façon générale et du moteur linéaire à induction en particulier. En effet, à partir des équations de Maxwell, on tire la relation fondamentale suivante de l'induction magnétique dans l'entrefer, [39, 40] :

$$\frac{\partial^2 B_{oy}}{\partial x^2} - j \frac{\mu_0 \sigma s \omega_x}{g} B_{oy} = \frac{\mu_0}{g} \frac{\partial J_s}{\partial x} \tag{1.2}$$

En régime permanent, la solution de cette équation est donnée par [27-30] :

$$B_{oy} = Re \left[\begin{array}{c} B_x \exp\left\{ j\left(\omega_x t - \frac{\pi x}{\tau} \right) \right\} + B_1 \exp\left(\frac{-x}{\alpha_1} \right) \exp\left\{ j\left(\omega_x t - \frac{\pi x}{\tau_e} \right) \right\} \\ + B_2 \exp\left(\frac{x}{\alpha_2} \right) \exp\left\{ j\left(\omega_x t + \frac{\pi x}{\tau_e} \right) \right\} \end{array} \right] \tag{1.3}$$

Où α_1, α_2 et τ_e sont des fonctions de v_y, σ et g. Les constantes B_x, B_1 et B_2 peuvent être déduites à partir des conditions aux limites.

Le résultat obtenu par cette méthode présente une vue perspicace du fonctionnement du MLSI. Le premier terme de l'équation (1.3) est un champ principal qui se propage dans le sens inverse du mouvement du primaire (ou bien le sens inverse du mouvement du secondaire) et correspond au champ tournant dans l'entrefer d'une machine cylindrique à induction. Le second terme est l'induction magnétique due à l'effet de l'extrémité d'entrée du MLSI. Cette onde se propage suivant l'axe (OX) dans la direction de propagation du champ principal. Enfin, le troisième terme représente l'induction magnétique due à l'effet d'extrémité de sortie du MLSI, cette onde se propage suivant l'axe (OX) dans la direction inverse du déplacement du champ fondamental. Ces deux dernières ondes sont des harmoniques d'espace de l'induction principale dans l'entrefer des moteurs linéaires à induction. Elles sont la cause principale de l'atténuation des performances de ce type de moteurs par rapport à celles des moteurs rotatifs à induction.

En général, α_1 est plus grand que α_2 et l'onde due à l'entrée génère un effet plus large sur les performances du moteur linéaire à induction que celui de l'onde de sortie, [41]. De plus, pour les grandes vitesses du primaire (secondaire) α_1 devient grand et les deux ondes prépondérantes sont de plus en plus antagonistes et de même module (résultat de la conservation du flux inducteur). Elles se propagent ensemble sur toute la longueur du primaire. C'est pourquoi les performances du MLSI se trouvent sérieusement affectées pour les grandes vitesses. Ces effets sont également plus prononcés pour les petits glissements, car dans ce cas $\tau_e \cong (1-s)\tau \cong \tau$ et les ondes se compensent entre elles de plus en plus le long de la longueur du primaire.

La méthode directe compte de considérables simplifications, elle a été utilisée pour déterminer la répartition de l'induction dans l'entrefer et la couche conductrice de l'induit (secondaire), en ramenant le modèle de champ du moteur linéaire à induction à un problème à une dimension (1D). Elle a permis, entre autres, de caractériser les effets d'extrémités dans ce type de moteurs. En effet, des tentatives d'analyse des effets d'extrémités dans les moteurs linéaires à induction ont mené les chercheurs, intéressés par la modélisation et la conception, à utiliser cette méthode directe qui donne la répartition de l'induction dans l'entrefer de ces moteurs, avec les simplifications suivantes :

− Seule la composante H_{oy} existe dans l'entrefer et la partie conductrice du secondaire.

- La perméabilité de l'acier ferromagnétique du primaire et du secondaire est infinie.
- Seule la composante des courants induits suivant l'axe (OZ) existe dans la partie active de la couche conductrice du secondaire du moteur.
- Les courants induits suivant l'axe (OX) circulent dans la partie de la couche conductrice située de part et d'autre de la partie active.
- En régime permanant, si la source d'alimentation est sinusoïdale, la dérivé par rapport au temps ($\partial / \partial t$), et remplacée par $js\,\omega_x$.
- Et les courants alimentant le primaire sont représentés par une nappe d'une densité de courant exprimée par :

$$J_s = \text{Re}\left\{ J_s \exp\left[j\left(\omega_x t - \frac{\pi x}{\tau} \right) \right] \right\} \tag{1.4}$$

D'autres travaux, [42, 43, 44] ont utilisé cette même approche de calcul à une dimension et ont introduit l'effet de bords dû principalement aux courants induits qui se ferment dans la partie active du secondaire et à la longueur transversale finie du moteur. L'extension de cette méthode, pour prendre en compte les effets à deux et à trois dimensions, a été aussi menée dans plusieurs autres travaux, [44, 45].

6.2. Méthode de Duncan

Dans de nombreux secteurs industriels, le moteur linéaire à induction est le plus répandu. Il fait encore l'objet de nombreux travaux de recherche visant à améliorer sa modélisation et sa conception. En dépit de sa simplicité de fabrication, la modélisation et le calcul du MLSI ne sont pas aisés. En effet, la caractérisation des effets spéciaux dans ce type d'actionneur impose une modélisation plus fine. Parmi les modèles élaborés pour obtenir un point de fonctionnement à vitesse donnée, on peut trouver la méthode basée sur le schéma équivalent qui, à une position relative fixée du primaire et du secondaire, consiste à effectuer le calcul dans le repère du primaire en divisant la résistivité des parties conductrices par le glissement. Dans la suite de ce paragraphe, on s'applique à rappeler le modèle de la machine asynchrone rotative sans détails puisqu'il est largement diffusé dans la littérature scientifique. L'intérêt de reprendre ce modèle est de montrer comment il est possible d'élaborer un modèle analytique du MLSI tenant compte des effets spéciaux à partir du modèle classique du moteur à induction rotatif.

Le développement de ce modèle d'action de la machine rotative à induction est établi à partir des hypothèses selon les quelles la structure électromagnétique satisfait aux conditions suivantes :

– L'entrefer supposé constant.

– L'induction électromagnétique est à répartition spatiale sinusoïdale.

– Les matériaux magnétiques du primaire et du secondaire ont une caractéristique d'aimantation B = f(H) linéaire.

Par conséquent, la machine rotative à induction est modélisée par le schéma équivalent par phase représenté sur la figure 1.2. Cette représentation largement satisfaisante pour l'étude, en régime permanent, du moteur à induction rotatif s'est avérée incapable de modéliser les conditions magnétiques et électriques fortement asymétriques qui affectent le fonctionnement du moteur linéaire. La solution est donc de réajuster les hypothèses simplificatrices de départ pour aboutir à une description mathématique représentative du fonctionnement réel de la machine à induction linéaire.

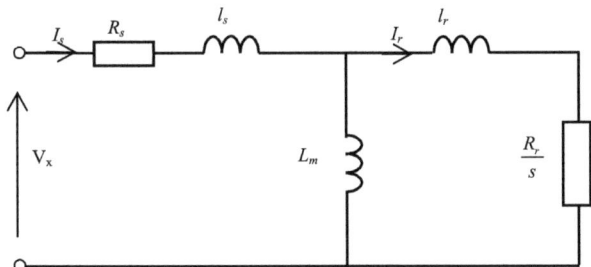

Figure 1.2 : *Schéma équivalent par phase d'une machine asynchrone rotative*

L'analyse d'un moteur rotatif est, habituellement, basé sur le circuit équivalent classique exposé précédemment qui peut être utilisé, à la condition d'apporter des modifications adéquates tenant compte des phénomènes spécifiques, pour l'étude du moteur linéaire. A la base de cette idée, sont développées plusieurs approches dont on distingue celle élaborée par Duncan qui est la plus répandue pour la commande d'un MLSI.

6.2.1. Hypothèses de départ

Le modèle de Duncan de la machine linéaire à induction est issu de l'analogie avec un le schéma équivalent d'une phase de la machine à induction rotative. Il comporte 5 paramètres et possède deux variables d'état. Les pertes fer (pertes dans les matériaux magnétiques) peuvent être introduites par l'ajout d'une résistance en parallèle avec la mutuelle inductance L_m. Elles ne sont, en général, pas prises en compte car cette résistance est difficilement mesurable et introduit une nouvelle variable d'état. Une adaptation de la résistance primaire de quelques pourcents (2 à 8%) permet d'en tenir compte sans alourdir le traitement du modèle, [46].

Dans l'approche de modélisation de Duncan est supposée la linéarité du circuit magnétique (perméabilité relative du fer très grande devant 1). Cette hypothèse permet d'introduire le concept d'inductances propre et mutuelle entre les enroulements primaires et secondaires, alors que l'effet de peau est négligé. La composante principale du champ inducteur est supposée traversant obligatoirement l'entrefer dans la direction normale.

En outre, les effets capacitifs et les effets thermiques ont été négligés dans la construction du modèle de la machine linéaire à induction. Le modèle exposé prend en compte les effets d'extrémités et de bords. Ces effets sont l'image de la répartition de l'induction non sinusoïdale dans l'entrefer.

6.2.2. Caractérisation des effets d'extrémités et de bords

Examinons la distribution du champ magnétique à vide, c'est-à-dire sans tenir compte de l'influence des courants induits (ce qui est valable pour une machine, soit dépourvue d'induit, soit munie d'un induit se déplaçant à la vitesse de synchronisme). Une répartition convenable des courants d'excitation crée dans l'entrefer une onde d'induction glissante qui, pour un circuit magnétique infiniment long, serait sensiblement équivalente à l'onde tournante des machines rotatives. Mais les dimensions finies de l'inducteur, qui implique une variation brusque de la perméabilité magnétique aux extrémités, se traduisent non seulement par un champ de fuites mais aussi par l'apparition de composantes parasites se propageant à l'intérieur de la machine. Donc, l'induction à vide dans l'entrefer se présente comme la superposition d'une onde purement glissante et de deux composantes parasites, dont l'amplitude varie selon l'axe (OX).

D'après [47], il est possible d'envisager une substitution progressive du secondaire par un petit élément qui se déplace par l'intermédiaire d'un champ magnétique uniforme. Au début, cet élément produit un courant induit maximal à l'entrée de la machine, et ramène la densité du flux à zéro. Avec le temps, l'élément considéré permettra à la densité du flux de se développer exponentiellement avec la constante de temps secondaire T_y, alors que le courant induit disparaîtra progressivement. A la sortie de la machine, les courants induits diminuent très rapidement avec une constante de temps très faible ; constante de temps de fuite

($t_y = l_y/R_y$). Vu que l'inductance dans l'entrefer est plus grande que celle dans l'air, alors la constante de temps avec laquelle évolue le courant induit à l'entrée est plus importante que celle du courant induit à la sortie. Les variations de ces phénomènes transitoires sont montrées dans la figure 1.3.

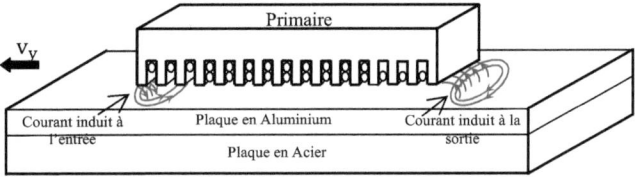

a) Génération des courants induits (parasites) à l'entrée et à la sortie de la machine lors du mouvement

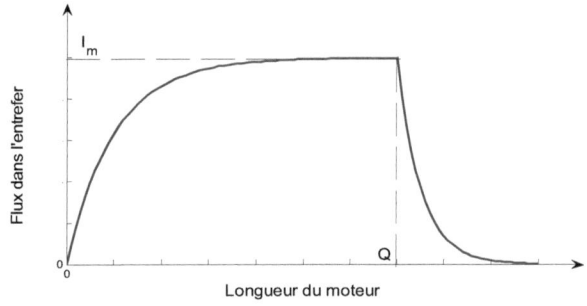

b) Variation de la densité de flux dans l'entrefer

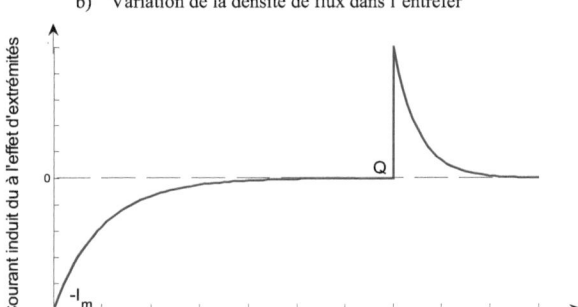

c) Évolution de la densité des courants parasites sur la longueur du moteur

Figure 1.3 : *Caractérisation des effets spéciaux dans un moteur linéaire à induction*

Si cette explication intuitive de l'influence de T_y est acceptée, alors elle peut former la base pour caractériser les effets d'extrémités. Pour expliquer ceci, des modifications sont introduites au circuit équivalent classique. En effet, La distribution spatiale de la densité du flux sur la longueur du moteur dépend de la vitesse relative entre l'induit et l'inducteur. La distance parcourue par le secondaire pendant la constante de temps T_y est égale $v_y T_y$.

Pour une vitesse donnée, la distance traversée par le secondaire peut être exprimée en termes de T_y. Avec cette échelle de temps normalisé, la longueur du moteur peut être définie comme suit :

$$Q = \frac{T_v}{T_y} = \frac{\left(D / v_y\right)}{\left(L_y / R_y\right)} = \frac{DR_y}{L_y v_y} \tag{1.5}$$

Avec D, v_y, L_y et R_y sont respectivement la longueur du moteur, la vitesse du secondaire, l'inductance cyclique secondaire et la résistance secondaire. Notons que T_v est la durée du temps prise par le secondaire pour parcourir la longueur du moteur. Q représente la longueur du moteur pour une vitesse donnée. En se basant sur cette idée, la longueur dépend, clairement, de la vitesse de sorte qu'à vitesse nulle elle devienne infiniment longue. Cependant, Q diminue, largement, quand la vitesse augmente.

Notons que cette approche est vérifiée si nous mesurons la position x' par, [47, 48]:

$$x = \frac{\left(x' / v_y\right)}{\left(L_y / R_y\right)} \tag{1.6}$$

Il est donc clair qu'une vitesse élevée mènera à des pertes significatives du flux aux extrémités de la machine. Cependant, ces effets peuvent être négligés à vitesse nulle. La réduction des effets spéciaux exige une valeur élevée de Q. Donc, la valeur de Q indique la capacité du moteur de résister aux phénomènes parasites présents dans le fonctionnement de ce type d'actionneur.

Pour modéliser la variation du flux, une fonction, utilise un facteur sans dimension (Q), a été définie. Puis les valeurs moyennes et efficaces des courants induits ont été prises pour définir l'inductance de démagnétisation et la résistance image des pertes aux extrémités de la machine linéaire à induction.

6.2.2.1 Inductance magnétisante reflétant les effets d'extrémité

Comme la saturation magnétique est négligée, le courant magnétisant peut être utilisé pour représenter la FMM. D'une manière semblable, les courants induits secondaires de démagnétisation, une fois ramenés au primaire, apparaissent comme courant en opposition de phase avec le courant magnétisant ou une FMM négative. Les valeurs moyens des courants induits et magnétisant varient en fonction de la longueur du moteur et sont développées dans les équations (1.8) et (1.9).

Il est à signaler que le courant induit à l'entrée évolue avec la constante de temps T_y, sa valeur moyenne sur la longueur de la machine est donnée d'après [47], par:

$$I_{ye} = \frac{I_m}{T_v} \int_0^{T_v} e^{-\frac{t}{T_y}} dt \tag{1.7}$$

En utilisant l'équation (1.5), l'expression (1.7) peut être écrite comme suit :

$$I_{ye} = \frac{I_m}{Q} \int_0^Q e^{-x} dx = I_m \frac{1 - e^{-Q}}{Q} \tag{1.8}$$

En présence des effets d'extrémités, la valeur moyenne du courant magnétisant est donnée par :

$$I_{me} = I_m - I_{ye} = I_m \left\{ 1 - \frac{1 - e^{-Q}}{Q} \right\} \tag{1.9}$$

L'effet de démagnétisation dû aux courants induits aux extrémités de la machine est représenté au moyen d'une inductance branchée en parallèle avec l'inductance magnétisante cyclique L_m et parcouru par le courant I_{ye}, comme le montre la figure 1.4. Ainsi, la réduction du courant magnétisant due aux courants parasites peut être prise en compte en modifiant l'inductance de la branche verticale telle que, [47, 48, 49, 50] :

$$L_m(Q) = L_m \left\{ 1 - \frac{1 - e^{-Q}}{Q} \right\} \tag{1.10}$$

Notons que lorsque la vitesse tend vers zéro, c'est-à-dire, la longueur du moteur (Q) tend vers l'infini et les effets d'extrémités deviennent négligeables, l'inductance magnétisante équivalente tend vers L_m et le circuit équivalent d'un moteur linéaire à induction devient identique à celui d'un moteur rotatif.

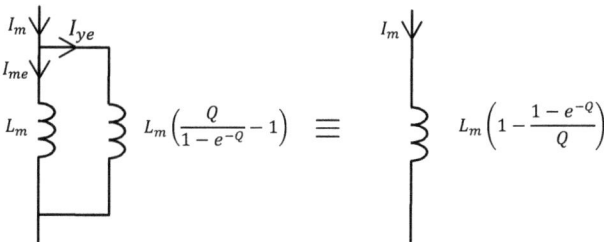

Figure 1.4 : *Élément inductif de la branche magnétisante d'un MLSI avec effets d'extrémités*

6.2.2.2 Pertes dues aux courants induits aux extrémités

En parcourant la plaque conductrice secondaire, les courants induits à l'entrée et à la sortie de la machine produisent des pertes ohmiques. Pour évaluer ces pertes, il est nécessaire de calculer la valeur efficace de (i'_{ye}), donnée par :

$$I_{yeef} = \left\{ \frac{I_m^2}{Q} \int_0^Q e^{-2x} dx \right\}^{0.5} = I_m \left\{ \frac{1 - e^{-2Q}}{2Q} \right\}^{0.5} \tag{1.11}$$

Par conséquent, les pertes dues au courant induit à l'entrée sont exprimées par :

$$P_{entrée} = \left(I_{yeef} \right)^2 R_y = I_m^2 R_y \left\{ \frac{1 - e^{-2Q}}{2Q} \right\} \tag{1.12}$$

En partant de l'idée développée par Duncan, il est également possible d'évaluer les pertes dues au courant induit à la sortie de la machine. A partir de l'équation (1.10). Ce courant induit total dans l'entrefer est égal à $I_m \left(1 - e^{-Q} \right)$. Ce courant doit disparaître à la sortie pendant un temps T_v pour satisfaire à des conditions d'équilibre du flux dans l'entrefer. Pour cela, les pertes à la sortie sont données par :

$$P_{sortie} = \frac{L_y I_m^2 \left(1 - e^{-Q} \right)^2}{2 T_v} = I_m^2 R_y \frac{\left(1 - e^{-Q} \right)^2}{2Q} \tag{1.13}$$

En additionnant les équations (1.12) et (1.13), toutes les pertes ohmiques dues aux courants induits à l'entrée et à la sortie de la machine sont évaluées par :

$$P_{induit} = I_m^2 R_y \frac{1 - e^{-Q}}{Q} = I_m^2 R_y f(Q)_D \tag{1.14}$$

Les pertes peuvent être introduites dans le circuit équivalent par l'ajout d'une résistance $R_y f(Q)_D$ en série avec l'inductance magnétisante. Cette addition est plus précise si l'élément inductif domine dans la branche verticale.

La force due à ces pertes est obtenue en divisant leur expression par la vitesse du moteur. Cette force agit de manière à s'opposer au mouvement, elle est exprimée par :

$$F_{2e} = I_m^2 R_y \frac{1 - e^{-Q}}{v_y . Q} \tag{1.15}$$

Il est à signaler que pour un moteur infiniment long, la résistance image des pertes devient nulle. Ainsi qu'a vitesse nulle la force due aux courants induits aux extrémités atteint une valeur limite de :

$$3I_m^2 \frac{L_m + l_y}{D} \tag{1.16}$$

Cette force subit un changement de signe lorsque la vitesse posse par zéro. Ce changement montre une similitude au frottement mécanique et les pertes dues aux courants parasites semblent à un frottement magnétique.

Dans l'intervalle $[0, Q]$, on a assumé que les amplitudes des courants induit et magnétisant sont données respectivement par : $-I_m e^{-x}$ et $I_m\left[1-e^{(-x)}\right]$. En se basant sur cette proposition, Duncan a déterminé les valeurs moyenne et efficace des courants induits aux extrémités de la machine, les pertes au secondaire dues à ces courants, et a développé le circuit équivalent par phase représenté par la figure 1.5.

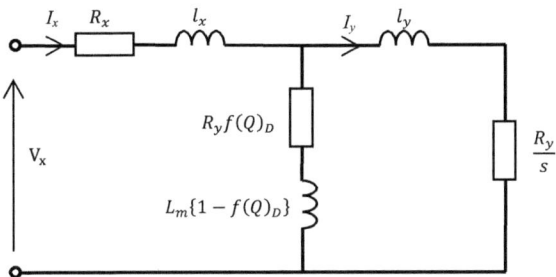

Figure 1.5 *: Schéma équivalent ramené au primaire (selon le modèle de Duncan)*

6.2.3. Équations électriques de la machine linéaire

L'hypothèse admise, dans cette section, est que les grandeurs électromagnétiques (champs, courants, tensions) sont à variation temporelle sinusoïdale. On utilise ainsi des variables complexes qui ont l'avantage de ne pas nécessiter d'itérations dans le temps pour déterminer la solution ce qui conduit à un gain de temps considérable en comparaison avec les modèles pas à pas. Toutefois, l'inconvénient majeur réside dans le fait qu'on ne peut traiter en toute rigueur que les problèmes linéaires. La saturation magnétique ne peut être prise en considération que de manière très globale.

Quand le courant primaire est imposé, il est intéressent d'utiliser la formule du diviseur de courant pour déterminer l'expression de la force électromagnétique. Considérons dans ce cas le modèle avec inductances de fuites partielles. Pour calculer la puissance transmise au secondaire et donc la force de poussée, nous exprimons le courant secondaire ramené au primaire :

$$I_y = \frac{Z_v}{Z_v + \left(\dfrac{R_y}{s}\right) + jx_y} I_x = \frac{R_v + jX_v}{\left(R_v + \dfrac{R_y}{s}\right) + j\left(x_y + X_v\right)} I_x \tag{1.17}$$

Avec Z_v est l'inductance totale de la branche verticale et donnée par l'expression suivante :

$$Z_v = \frac{R_f\left\{R_y f(Q)_D + jX_m\left[1 - f(Q)_D\right]\right\}}{R_f + R_y f(Q)_D + jX_m\left[1 - f(Q)_D\right]} = R_v + jX_v \tag{1.18}$$

Nous obtenons l'intensité efficace du courant secondaire ramené en prenant le module de la relation (1.17), soit :

$$I_y = \left\{\frac{R_v^2 + X_v^2}{\left(R_v + \dfrac{R_y}{s}\right)^2 + \left(x_y + X_v\right)^2}\right\}^{0.5} I_x \tag{1.19}$$

Pour des moteurs de faible puissance, il faut conserver la forme complète. Par contre, pour les moteurs de forte ou de moyenne puissance, l'influence des pertes ferromagnétiques est minime et donc R_f est assez élevée pour pouvoir simplifier les expressions [51] :

$$I_y = \frac{R_y f(Q)_D + j\omega_x L_m\left[1 - f(Q)_D\right]}{R_y f(Q)_D + \left(R_y / s\right) + j\omega_x\left\{l_y + L_m\left[1 - f(Q)_D\right]\right\}} I_x = \frac{R_y f(Q)_D + jX_m(Q)}{R_y f(Q)_D + \left(R_y / s\right) + j\left(x_y + X_m(Q)\right)} I_x \tag{1.20}$$

Sa valeur efficace :

$$I_y = \left(\frac{\left[R_y f(Q)_D\right]^2 + \left[X_m(Q)\right]^2}{\left[R_y f(Q)_D + \left(R_y / s\right)\right]^2 + \left[x_y + X_m(Q)\right]^2}\right)^{0.5} I_x \tag{1.21}$$

Nous en déduisons l'expression de la force électromagnétique

$$F_x = 3\frac{R_y}{s} \frac{\left[R_y f(Q)_D\right]^2 + \left[X_m(Q)\right]^2}{v_x\left\{\left[R_y f(Q)_D + \left(R_y / s\right)\right]^2 + \left[x_y + X_m(Q)\right]^2\right\}} I_x^2 \tag{1.22}$$

Au démarrage, la vitesse du secondaire est nulle et donc le glissement vaut 1. Nous en déduisons l'expression de la force de démarrage :

$$F_{xd} = 3 \frac{R_y}{s} \frac{\left[R_y f(Q)_D \right]^2 + \left[X_m(Q) \right]^2}{v_x \left\{ \left[R_y f(Q)_D + R_y \right]^2 + \left[x_y + X_m(Q) \right]^2 \right\}} I_x^2 \tag{1.23}$$

Il est parfois intéressant de travailler avec des variables réduites en rapportant la force à son maximum, F_{xMax}, et le glissement à la valeur qui correspond à ce maximum, s_m. Pour que les expressions de F_{xMax} et s_m soient beaucoup plus précise, on transforme le schéma équivalent par le théorème de Thévenin. Nous pouvons ainsi exprimer l'impédance Z_T du générateur de Thévenin par :

$$Z_T = \frac{(R_x + jx_x) \left[R_y f(Q)_D + jX_m(Q) \right]}{\left[R_x + R_y f(Q)_D \right] + j \left[x_x + X_m(Q) \right]} = R_T + jX_T \tag{1.24}$$

$$\frac{F_x}{F_{xMax}} = \frac{2(1+\varepsilon)}{\left({s_m}/{s} \right) + \left({s}/{s_m} \right) + 2\varepsilon}$$

Avec :

$$s_m = \left(\frac{R_y^2}{R_T^2 + \left(X_T + x_y \right)^2} \right)^{0.5} \text{ et } \varepsilon = \left(\frac{R_T^2}{R_T^2 + \left(X_T + x_y \right)^2} \right)^{0.5} \tag{1.25}$$

Compte tenu du fait que le paramètre ε est relativement faible, une expression approchée peut souvent être utilisée :

$$\frac{F_x}{F_{xMax}} = \frac{2}{\left({s_m}/{s} \right) + \left({s}/{s_m} \right)} \tag{1.26}$$

6.2.4. Étude par simulation de l'approche de Duncan

Pour évaluer les performances de l'approche de modélisation développée par Duncan, nous l'avons programmé dans l'environnement Matlab en considérant le moteur linéaire à primaire triphasé dont les paramètres sont mentionnés dans le tableau 1.2 suivant.

Tableau 1.2 : *Paramètres du moteur linéaire à étudier*

Paramètres	Valeur
Nombre de phase, q	3
Nombre de pôles, $2p$	6
Valeur efficace du courant primaire, I_x	200 A

Force de poussée nominale, F_x	1700 N
Fréquence de synchronisme, f_x	50 Hz
Nombre de couches de l'enroulement primaire	2
Nombre de spires en série par phase, N	108
Nombre de brins en parallèle par spire, N_b	19
Diamètre d'un brin, D_b	1.115 mm
Nombre d'encoche du primaire	61
Nombre d'encoches semi-remplies à l'extrémité	7
Longueur frontale d'une bobine du primaire, L_f	295.5 mm
Longueur du primaire, D	1600 mm
Epaisseur de l'entrefer, g	15 mm
Longueur transversale du primaire, L_1	101 mm
Longueur transversale du secondaire, L_2	201 mm
Hauteur du primaire, h_p	71 mm
Epaisseur de la plaque d'aluminium, D_{Al}	4.5 mm
Epaisseur de l'acier secondaire, D_{tr}	25.4 mm
Pas polaire, τ	250 mm
Largeur d'une dent du primaire, l_d	15 mm
Ouverture de l'encoche au primaire, O_e	10.5 mm
pas dentaire, τ_d	25.5 mm
Hauteur d'encoche, h_e	34.5 mm
Dimensions latérales de la couche en aluminium, h_{ov} et t_{ov}	50 et 9.5 mm
Conductivité de l'acier à 20 °C, σ_{ir}	4.46X10^6 $(\Omega m)^{-1}$
Conductivité de l'aluminium à 20 °C, σ_{Al}	32.3X10^6 $(\Omega m)^{-1}$
Conductivité du cuivre à 20 °C, σ_{Cu}	58.41X10^6 $(\Omega m)^{-1}$
Masse volumique de l'acier, ρ_{ir}	7900 (kg/m^3)
Masse volumique de l'aluminium, ρ_{Al}	8900 (kg/m^3)
Masse volumique du cuivre, ρ_{Cu}	2700 (kg/m^3)
Résistance d'une phase primaire, R_x	0.0968 Ω
Inductance cyclique primaire, L_x	0.00641 H
Résistance d'une phase secondaire, R_y	0.1561 Ω
Inductance cyclique secondaire, L_y	0.00396 H
Inductance mutuelle cyclique entre le primaire et le secondaire, L_m	0.00393 H

Pour analyser le comportement de la machine linéaire à induction fonctionnant à vitesse et courant d'alimentation variables, nous avons opté pour une représentation tridimensionnelle sous forme de surfaces de réponses des grandeurs examinées. Cette analyse a été élaborée par deux séries d'essais. La première série consiste à évaluer les performances de la machine pour un entrainement à vitesse constante et à courant d'alimentation variable, alors que la seconde série d'essais a porté sur l'évaluation des performances pour un fonctionnement à vitesse variable et courant primaire constant. Dans cette étude, nous n'avons pas tenu compte des harmoniques du fait qu'il a été montré dans les références [52, 53] que leur effet sur les caractéristiques d'un moteur linéaire à induction peut être négligé.

Cette étude a conduit aux résultats consignés dans les figures 1.6, 1.7 et 1.8. En effet, la figure 1.6 illustre les évolutions des courants magnétisant et secondaire en fonction de la vitesse et du courant primaire. La figure 1.7 expose la force de poussée et la force normale développées par le moteur considéré en fonction de la vitesse et du courant primaire pour une fréquence de 50 Hz.

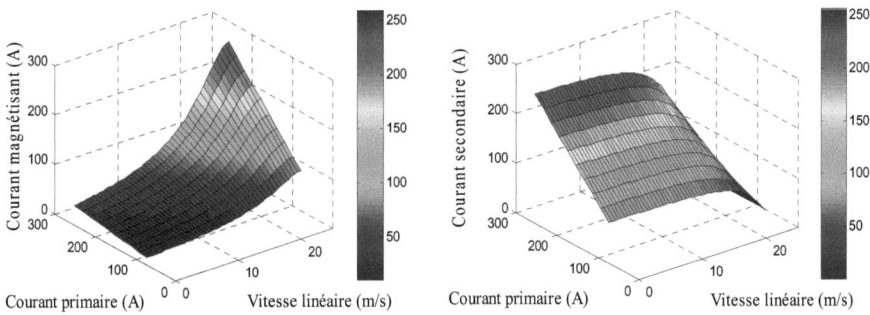

Figure 1.6 : *Courants magnétisant et secondaire pour des vitesses et des courants variables*

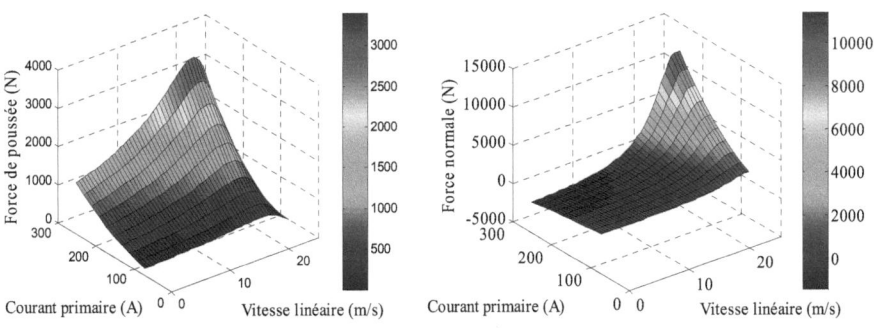

Figure 1.7 : *Forces développées pour des vitesses et des courants d'alimentation variables*

Ces résultats montrent une proportionnalité quasi quadratique entre le courant absorbé par le primaire et la poussée développée par le moteur. Particulièrement, on distingue que pour un courant d'alimentation de 140 A, les pics de la force de poussée et de la force normale sont respectivement 987.34 N et 3313 N, alors que ces pics atteignent 2017.9 N et 7859 N lorsque le courant d'alimentation croît à la valeur 200 A. Une telle constatation permet de conclure que les effets d'extrémités et de bords sont eux aussi proportionnels au carré du courant primaire.

Par ailleurs, la figure 1.8 présente les variations du rendement et du facteur de puissance en fonction de la vitesse et du courant primaire pour une fréquence d'alimentation fixée à 50 Hz.

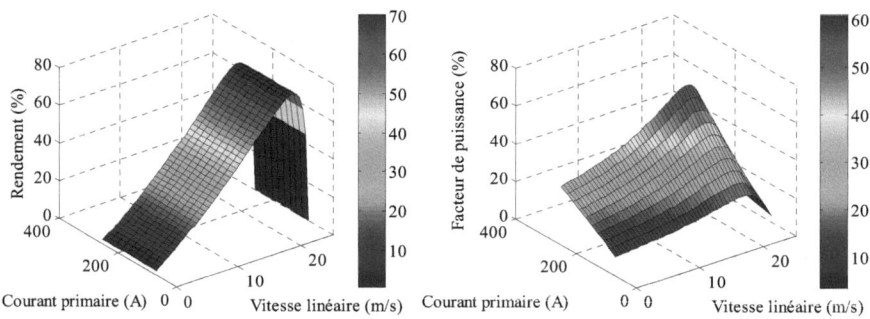

Figure 1.8 *: Rendement et facteur de puissance pour des vitesses et des courants variables*

Ce résultat illustre que pour un courant d'alimentation fixé à sa valeur nominale ($I_x = 200$ A), le rendement varie de 2.47 % à 61.03 % lorsque la vitesse augmente de 1 m/s à 24 m/s. Il est donc aisément remarquable que le rendement de ce type d'actionneur est faible en comparaison à son homologue rotatif.

Cette étude menée par simulation montre que le modèle issu de l'approche de Duncan offre une représentation satisfaisante du comportement des MLSIs. Les effets d'extrémités sont pris en considération par l'adoption d'un coefficient correctif conduisant à une modification appropriée de la branche de magnétisation. Toutefois, ce modèle présente l'inconvénient majeur qui se rapporte au non considération de la variation des paramètres du circuit équivalent qui sont obtenus par des essais statiques appliqués sur un circuit court et ouvert.

6.3. Méthode de couches

Bien que différentes structures d'un moteur linéaire à induction soient envisageables, on se limite dans cette partie au moteur linéaire à simple induction qui est le plus utilisé industriellement. Généralement, ce type d'actionneur possède un entrefer assez grand par rapport à son homologue rotatif (à cause de la contrainte mécanique due aux problèmes de guidage en mouvement). C'est pourquoi, l'hypothèse stipulant que le champ magnétisant (H) est uniforme à travers l'entrefer s'avère peu réaliste. En plus, ce type de moteurs comprend un secondaire constitué d'une plaque en aluminium et une couche d'acier ferromagnétique, en général. Par conséquent, la distribution des courants induits dans le secondaire doit être prise en compte afin d'obtenir des résultats précis.

Pour cette fin, une approche de modélisation dite méthode de couches a été développée et exposée dans la référence bibliographique [53]. Elle consiste à fournir un schéma équivalent constitué par l'association de diverses impédances. La caractérisation de ces impédances, moyennant la méthode de couches, est élaborée à partir de l'étude et l'analyse de la distribution de l'induction magnétique.

Une étude de la répartition des champs électromagnétiques en (2D) dans une section longitudinale d'un moteur linéaire à simple induction conduit donc à l'évaluation des paramètres du circuit équivalent. Pour affiner davantage la précision de ce circuit, il est nécessaire d'introduire des coefficients correctifs pour la prise en considérations des effets spéciaux.

Par ailleurs, dans l'analyse 2D, les champs sont supposés invariants dans la direction transversale (OZ) et les courants induits dans le secondaire circulent suivant la même direction. Néanmoins, dans un moteur linéaire à induction comprenant une couche conductrice (couche d'aluminium généralement) dans le secondaire, les courants induits ont une composante suivant la direction longitudinale (OX) correspondant à la direction du mouvement. L'effet de ces courants est pris en considération en ajustant la résistivité des parties conductrices du secondaire en utilisant un facteur de correction. De mêmes, dans le plan d'étude 2D, L'induction magnétique a deux composantes : l'une est normale et notée B_{oy}, elle crée la poussée et elle est dirigée suivant l'axe (OY) ; et l'autre est tangentielle et notée B_{ox}, elle donne naissance à une force normale et elle est dirigée suivant l'axe (OX). De plus, l'effet d'encochage peut être pris en compte en modifiant l'entrefer par le coefficient de Carter et les enroulements de l'inducteur sont représentés par une nappe de courant infiniment mince déposée sur la surface entre le primaire et l'entrefer.

Pour une alimentation par une source de courant sinusoïdale exprimée conformément à la relation (1.4), la section longitudinale du moteur considéré est donnée par la figure 1.9. Le secondaire est supposé composé par deux couches, l'une est conductrice (plaque d'aluminium) et l'autre en acier ferromagnétique feuilleté ou massif servant à canaliser le flux dans le secondaire et réduire le courant magnétisant du moteur. En outre, l'acier du secondaire est caractérisé par une perméabilité variable d'un point à un autre à cause de la saturation magnétique. De plus, il est le siège de pertes par hystérésis qui influent significativement sur l'impédance de secondaire du moteur. Ces effets devraient être introduits dans n'importe quel modèle général si on veut garantir une analyse précise et/ou une conception efficace des moteurs linéaires à induction.

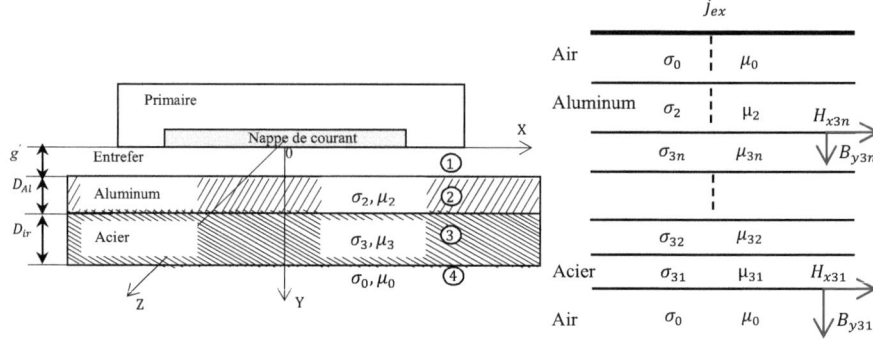

Figure 1.9 : *Schéma de base de la méthode des couches appliquée à un moteur linéaire*

Les valeurs de B_{oy} et H_{ox} de la figure 1.9 sont celles de l'interface entre les différentes couches, qui doivent vérifier les conditions de passage entre deux milieux. Pour la $n^{ième}$ couche, en supposant que les champs sont sinusoïdaux ayant une fréquence de glissement angulaire ω_n et en ignorant le déplacement, on peut réduire l'équation (1.27), permettant d'analyser les champs électromagnétiques dans un dispositif électromagnétique alimenté en courant de façon générale et dans le moteur linéaire à induction en particulier [54-57] :

$$rot\left(\frac{1}{\mu}rot\vec{A}\right) = \vec{J}_s - \sigma\left(\frac{\partial\vec{A}}{\partial t} - \vec{v}_y \wedge rot\vec{A}\right) \qquad (1.27)$$

À celle donnée par l'expression suivante :

$$\frac{\partial^2 B_{oy}}{\partial y^2} = \gamma_n^2 B_{oy} \qquad (1.28)$$

Où

$$\gamma_n = \left(k^2 + j\mu_n\sigma_n\omega_n\right)^{0.5} \qquad (1.29)$$

Tels que $k = \pi/\tau$, μ_n est la perméabilité de la n^{ième} couche, $\omega_n = s_n\omega_x$ et s_n est le glissement de la n^{ième} couche.

Dans l'équation (1.28), (B_{oy}) est le module complexe de l'induction magnétique transversale (b_{oy}), telle que :

$$b_{oy} = Re\left\{B_{oy}\,exp\left[j\left(\omega_x t - \frac{\pi x}{\tau}\right)\right]\right\} \qquad (1.30)$$

La solution de l'équation (1.28) est de la forme :

$$B_{oy} = A\cosh\gamma_n y + C\sinh\gamma_n y \qquad (1.31)$$

Où A et C dépendent des conditions aux limites et des conditions de passages entre les différentes couches.

Puisque le flux est conservatif dans toutes les couches, la relation liant B_{oy} et H_{ox} entre deux couches (*n* et *n-1* par exemple) peut être établie. On obtient alors l'équation matricielle suivante [58]:

$$\begin{pmatrix} B_{oyn} \\ H_{oxn} \end{pmatrix} = \begin{pmatrix} \cosh(\gamma_n y_n) & \dfrac{1}{\beta_n}\sinh(\gamma_n y_n) \\ \beta_n\sinh(\gamma_n y_n) & \cosh(\gamma_n y_n) \end{pmatrix}\begin{pmatrix} B_{oyn-1} \\ H_{oxn-1} \end{pmatrix} = [T_n]\begin{pmatrix} B_{oyn-1} \\ H_{oxn-1} \end{pmatrix} \qquad (1.32)$$

Où $\beta_n = \gamma_n/(j\mu_n k)$ et $[T_n]$ est la matrice de transfert de la n^{ième} couche

Une fois la matrice de transfert de chaque couche de la machine est connue, il est possible de trouver la matrice de transfert entre n'importe quelle paire de couches en multipliant toutes les matrices de transfert entre ces deux couches. Aux frontières entre les couches, B_{oy} est continu et H_{ox} l'est aussi sauf en présence des courants surfaciques. Dans ce cas, H_{ox} subit une discontinuité égale à la densité de ces courants surfaciques. Si la densité des courants surfaciques (ou l'induction magnétique) est connue sur une frontière, les composantes de l'induction magnétique dans n'importe quelle couche de la machine seront calculées en utilisant l'équation (1.32). De plus, des calculs itératifs permettent d'ajuster la perméabilité de chaque couche pour tenir compte de la saturation. Enfin, connaissant la répartition des champs dans les différentes couches du moteur linéaire à induction, on peut déterminer les caractéristiques de celui-ci et évaluer ses performances.

6.3.1. Evaluation des effets de bords

L'effet de largeur finie (effet de bords) apparaît seulement dans les MLSIs plats ayant des primaires et des secondaires finis. Cet effet apparaît sous forme d'une :

– Distribution non-uniforme d'induction magnétique dans l'entrefer le long de l'axe (OZ) ayant une augmentation aux bords du corps. Cette élévation est due à la variation brusque de la réluctance et à la réaction de courant secondaire

– Génération d'une composante de densité de courant secondaire, J_{ox}, dans le corps ferromagnétique indépendamment de la composante J_{oz}.

– Génération d'une force latérale, F_{oz}, essayant de déplacer le secondaire vers une direction perpendiculaire à celle de la force de poussée.

L'inclusion des effets de bords dus à la fermeture des courants induits dans la zone active du secondaire se fait grâce à deux corrections faites sur la conductivité électrique de l'induit. Russel et Norsworthy ont proposé dans la référence [59] un facteur correcteur de la conductivité de la couche conductrice en aluminium du secondaire exprimé sous la forme suivante :

$$k_{RN} = 1 - \frac{tanh\left(\dfrac{\beta L_2}{2}\right)}{\left(\dfrac{\beta L_2}{2}\right)\left[1 + tanh\left(\dfrac{\beta L_2}{2}\right)\right]tanh(\beta h_{ov})} \tag{1.33}$$

Le coefficient tient compte des courants qui se ferment dans la partie active de la couche conductrice et réduit la conductivité apparente de la couche en aluminium. En général, l'épaisseur de la partie active de la couche conductrice (D_{Al}) diffère de celle se situant de part et d'autre du ferromagnétique du secondaire (t_{ov}). Dans ces conditions, le terme (βh_{ov}) doit être corrigé en le multipliant par le facteur empirique suivant proposé dans [60] :

$$k_t = 1 + 1.3\frac{t_{ov} - D_{Al}}{D_{Al}} \geq 1 \tag{1.34}$$

La conductivité équivalente de la couche en aluminium est modifiée ainsi :

$$\sigma'_{Al} = k_{RN}\sigma_{Al} \tag{1.35}$$

De leur part Gibbs, Panasienkov, Yee et Gieras, ont proposé un facteur correcteur de l'impédance équivalente de la couche de l'acier du secondaire pour tenir compte aussi des courants qui se ferment dans la partie active du ferromagnétique du secondaire :

Selon Gibbs [61]:

$$k_z = 1 + \frac{2}{\pi} \frac{\tau}{L_2} \tag{1.36}$$

Selon Panasienkov, [62] :

$$k_z = 1 + 0.5 \frac{\tau}{L_2} \tag{1.37}$$

Selon Yee, [63] :

$$k_z = \frac{\left(\frac{\pi L_2}{\tau}\right)\left\{1 + coth\left(\frac{\pi}{\tau}\frac{L_2}{2}\right)\right\}}{\left(\frac{\pi L_2}{\tau}\right)\left\{1 + coth\left(\frac{\pi}{\tau}\frac{L_2}{2}\right)\right\} - 2} \tag{1.38}$$

Selon Gieras et al, [3] :

$$k_z = 1 - \frac{g}{L_1} + \frac{2\tau}{\pi L_2}\left[1 - exp\left(-\frac{\pi L_2}{2L_1}\right)\right] \tag{1.39}$$

L'impédance équivalente du secondaire est modifiée par k_z de la façon suivante :

$$Z'_{Fe} = k_z Z_{Fe} \tag{1.40}$$

6.3.2. Evaluation des effets d'extrémités

L'effet d'extrémités dans une machine linéaire à induction est dû à la longueur finie de la machine et à l'influence de la vitesse sur la répartition non uniforme de l'induction de l'entrefer et des courants induits dans le secondaire. A vitesse nulle et en négligeant l'effet des encoches, la distribution de la composante normale de l'induction magnétique dans l'entrefer, B_{oy}, suivant l'axe (OX) peut être considérée, approximativement, comme une fonction rectangulaire. Alors que, pour une vitesse ($v_y \neq 0$) cette distribution devient, approximativement, une fonction trapézoïdale. Plus que la vitesse (v_y) est élevée plus l'influence de l'effet d'extrémités est accentuée. Donc, l'influence de l'effet d'extrémités sur les performances devient de plus en plus importante pour les moteurs à grandes vitesses.

L'effet de longueur finie apparaît sous forme de :

– Distribution non uniforme, dépend de la vitesse, de densité de flux dans l'entrefer et une répartition non uniforme des courants induits dans le secondaire

– Courants de phases non équilibrés

– Forces parasites de freinage

Selon certaines règles régissant la construction des machines électriques linéaires, les tensions induites dans les enroulements primaires ne sont pas équilibrées à ($v_y \neq 0$). Le diagramme de phase de la figure 1.10 explique ce déséquilibre.

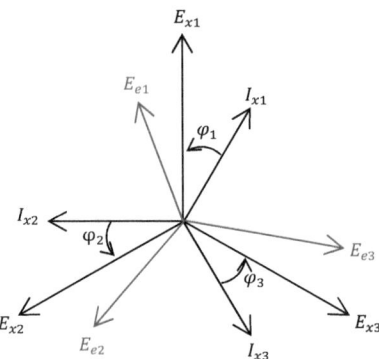

Figure 1.10 : *Diagramme de phase des forces électromotrices et des courants*

Lorsque les impédances des enroulements primaires sont, exactement, identiques et pour une machine soit dépourvue d'induit, soit munie d'un induit se déplaçant à la vitesse de synchronisme les courants de phases I_{x1}, I_{x2} et I_{x3} forment un système triphasé équilibré.

De même, les forces électromotrices des enroulements primaires E_{x1}, E_{x2} et E_{x3} sont également équilibrées. Lorsque le secondaire se déplace à une vitesse v_y, les tensions induites E_{e1}, E_{e2} et E_{e3} sont réduites à cause de la réaction des courants secondaires et forment un système no équilibré, c'est-à-dire, $E_{e3} \geq E_{e1}$ et $E_{e3} \geq E_{e2}$. Ceci est dû à la répartition non uniforme de l'induction d'entrefer. Si les tensions d'entrée sont constantes, le système non équilibré des tensions induites dans les enroulements primaires est le résultat des perturbations de courants de phases. Par conséquent, pour tenir compte cet effet dans un modèle analytique plusieurs techniques ont été proposées dans la littérature [64]. La méthode qui consiste à modifier par un facteur correcteur la force électromotrice aux bornes de l'impédance mutuelle d'un schéma équivalent en *T*, est considérée la meilleure de point de vue précision des résultats et simplicité des calculs.

Le facteur de l'effet d'extrémités est déterminé en partant d'une répartition de l'induction dans l'entrefer du moteur linéaire à induction composée d'un champ glissant (similaire au champ tournant de la machine rotative) et une induction se propageant dans la direction du champ principal et qui est due à l'effet d'extrémités longitudinales, [65, 66] :

$$b(x,t) = B_{mx} \, sin\left(\omega_x t - \frac{\pi}{\tau}x\right) + B_{me} \, exp\left(-\frac{x}{T_e}\right) sin\left(\omega_x t - \frac{\pi}{\tau_e}x + \delta\right) \tag{1.41}$$

La force électromotrice induite dans une phase du primaire est, donc, la superposition de deux forces électromotrices, l'une est due au champ fondamental et l'autre à l'induction due à l'effet d'extrémités. Elle peut être exprimée sous la forme suivante :

$$
\begin{aligned}
e(t) &= e_x(t) + e_e(t) = -E_{mx} \, cos(\omega_x t) - E_{me} \, cos(\omega_x t) \\
&= -E_{mx} \, cos(\omega_x t) - E_{mx}(-K_e) \, cos(\omega_x t) = -E_{mx}(1 - K_e) \, cos(\omega_x t)
\end{aligned} \tag{1.42}
$$

Où la valeur efficace de la force électromotrice due au champ de déplacement d'amplitude B_{ms} et le facteur qui tient compte de l'effet d'extrémités sont donnés, respectivement, par [67] :

$$E_x = \frac{E_{mx}}{\sqrt{2}} = \frac{2\pi}{\sqrt{2}} f_x N k \omega \frac{2}{\pi} L \tau B_{mx} \tag{1.43}$$

$$K_e = \frac{k_{\omega e}}{k_\omega} \frac{\left(\frac{\pi \tau_e}{\tau}\right)^2}{\left(\frac{1}{T_e}\right)^2 + \left(\frac{\pi}{\tau_e}\right)^2} . f(\delta) exp\left(-\frac{p\tau_e}{T_e}\right) . \frac{sin\left(\frac{p\tau_e}{T_e}\right)}{p \, sin\left(\frac{\tau_e}{T_e}\right)} \tag{1.44}$$

Où

$$f(\delta) = \frac{1}{T_e} sin \, \delta + \frac{\pi}{\tau_e} cos \, \delta \tag{1.45}$$

δ est le déphasage entre l'onde fondamentale de l'induction dans l'entrefer et l'induction due à l'effet des extrémités se propageant dans le sens du champ glissant, à l'entrée de la machine. Il est approximé de façon empirique par [67, 68] :

$$\delta = \delta_0 + a v_e \tag{1.46}$$

Où δ_0 est obtenu dans cas ou l'effet de longueur finie est négligé et à $v_y = v_0$, avec $0 \le v_0 \le v_x$. Il est donné par :

$$\delta_0 = 180° - tan^{-1}\left(\pi \frac{T_e}{\tau_e}\right)_{v_y = v_0} \tag{1.47}$$

La constante (a) et la vitesse (v_e) sont données, respectivement, par :

$$a = \frac{1}{150} tan^{-1} \left(\pi \frac{T_e}{\tau_e} \right)_{v_y = v_0} \tag{1.48}$$

$$\begin{cases} v_e = \frac{v_y - v_0}{v_x - v_0} v_x & v_y \geq v_0 \\ v_e = 0 & v_y < v_0 \end{cases} \tag{1.49}$$

L'expérience montre que $v_0 = 0.5v_x$ pour les MLIs à très grande vitesse ($v_x = 150m/s$), [69].

L'expression (1.44) est la forme finale pour le facteur de l'effet d'extrémités qui va être employé dans l'étude du MLSI.

Le facteur de bobinage du primaire d'un moteur linéaire est donné par l'expression générale suivante :

$$k_\omega = \frac{sin\left(\frac{\pi}{2m}\right)}{q\,sin\left(\frac{\pi}{2mq}\right)} sin\left(\frac{\pi}{2} \frac{w_c}{\tau}\right) \tag{1.50}$$

Le facteur de bobinage relatif à l'onde de l'induction due à l'effet d'extrémités est calculé d'une façon similaire à celle des harmoniques d'espace de la machine à induction, on obtient :

$$k_{oe} = \frac{sin\left(\frac{\tau}{\tau_e} \frac{\pi}{2m}\right)}{q\,sin\left(\frac{\tau}{\tau_e} \frac{\pi}{2mq}\right)} sin\left(\frac{\tau}{\tau_e} \frac{\pi}{2} \frac{w_c}{\tau}\right) \tag{1.51}$$

Le pas polaire de l'onde représentant l'effet d'extrémités, τ_e, et le facteur d'atténuation, T_e, peuvent être calculés en utilisant les expressions suivantes, [70, 71] :

$$\tau_e = \frac{2\pi}{D} \tag{1.52}$$

$$T_e = \frac{2(g + D_{Al})k_c}{C(g + D_{Al})k_c - V\mu_0\sigma_{Al}(g + D_{Al})} \tag{1.53}$$

$$k_c = \frac{\tau_d}{\tau_d - \left(\frac{O_e^2}{5(g + D_{Al}) + O_e} \right)} \tag{1.54}$$

$$C = \frac{1}{\sqrt{2}} \left(\sqrt{\left(\frac{\mu_0 V \sigma_{Al} d_y'}{k_c(g + D_{Al})} \right)^4 + 16\left(\frac{\omega_x \mu_0 V \sigma_{Al} d_y'}{k_c(g + D_{Al})} \right)^2} + \left(\frac{\mu_0 V \sigma_{Al} d_y'}{k_c(g + D_{Al})} \right)^4 \right)^{\frac{1}{2}} \tag{1.55}$$

$$D = \frac{1}{\sqrt{2}} \left(\sqrt{\left(\frac{\mu_0 V \sigma_{Al} d'_y}{k_c (g + D_{Al})} \right)^4 + 16 \left(\frac{\omega_x \mu_0 V \sigma_{Al} d'_y}{k_c (g + D_{Al})} \right)^2} - \left(\frac{\mu_0 V \sigma_{Al} d'_y}{k_c (g + D_{Al})} \right)^4 \right)^{\frac{1}{2}} \tag{1.56}$$

Où d'_y est l'épaisseur d'une couche homogène en aluminium équivalente aux deux couches qui constituent la partie conductrice du secondaire, elle être utilisée pour évaluer la résistance modélisant les courants de Foucault dans le secondaire.

Plusieurs méthodes sont développées dans [72] pour déterminer d'_y. Cette épaisseur est estimée à partir de l'impédance équivalente du secondaire. En effet, la couche conductrice en aluminium et celle du ferromagnétique du secondaire sont équivalentes, de point de vue électrique, à une couche en aluminium d'épaisseur d'_y, qui a pour impédance (si on néglige l'effet de peau) :

$$Z_{Al} = (a_R + j a_x) \frac{L_2 k_{tr}}{\tau \sigma_{Al} d'_y} \tag{1.57}$$

Où $a_R = 1$ et $a_x = 1$ pour un matériau non magnétique tel que l'aluminum. En identifiant les expressions développées dans (1.57) et (1.67), on peut exprimer l'épaisseur équivalente comme suit :

$$d'_y = \frac{a_R k_z}{\sigma_{Al} Real \left(\dfrac{\tau Z_y(s)}{L_2} \right)} \tag{1.58}$$

6.3.3. Evaluation des effets de saturation et d'hystérésis

Les effets de saturation et d'hystérésis sont inclus au moyen d'une perméabilité magnétique relative équivalente du secondaire, exprimée par :

$$\mu_{re} = \mu_{rs} \left(\mu' - j\mu'' \right) \tag{1.59}$$

Où μ_{rs} est la perméabilité relative à la surface de l'acier secondaire du coté primaire. Les composantes réelle et imaginaire sont décrites dans [1], telles que :

$$\mu' = a_R a_x, \quad \mu'' = 0.5 \left(a_R^2 - a_x^2 \right) \tag{1.60}$$

Où a_R et a_x dépendent du champ magnétique à la surface de l'acier du secondaire et tiennent compte de la saturation et de l'effet d'hystérésis.

Dans le même sens, le coefficient de Carter et le facteur de saturation sont employés pour obtenir l'entrefer équivalent. Le coefficient de Carter permet de tenir compte les encoches du primaire en augmentant l'entrefer. La valeur considérée est le résultat d'une multiplication de la valeur réelle de l'entrefer par ce coefficient. Il est déterminé en considérant un entrefer égal à $(g + D_{Al})$. L'expression de ce coefficient est donné par [52] :

$$k_c = \frac{\tau_d}{\tau_d - \frac{O_e^2}{5(g + D_{Al}) - O_e^2}}$$

(1.61)

Le facteur de saturation du circuit magnétique est définit par la théorie classique des machines électriques comme étant le rapport entre la force magnétomotrice totale par paire de pole et celle de l'entrefer. En partant de l'hypothèse qui suppose que la perméabilité du circuit magnétique du primaire est infinie, on peut négliger la force magnétomotrice de celui-ci. Dans ces conditions le facteur de saturation du circuit magnétique du moteur linéaire à induction peut être exprimé par [1, 52] :

$$k_\mu = \frac{V}{2(V_g + V_{Al})} \approx 1 + \frac{V_{ir}}{2(V_g + V_{Al})}$$

(1.62)

Où (V) est la force magnétomotrice (MMF) par paire de pôles, (V_g) est la chute de tension magnétique dans l'entrefer, (V_{Al}) est la chute de tension magnétique dans la couche conductrice en aluminium et (V_{ir}) est la chute de tension magnétique dans l'acier ferromagnétique du secondaire.

6.3.4. Circuit équivalent par phase d'un MLSI

Le schéma monophasé d'un moteur linéaire à induction issu de la méthode de couches et qui tient compte des effets spéciaux (effet d'extrémités et effet de bords) comporte cinq éléments associés conformément à la figure 1.11.

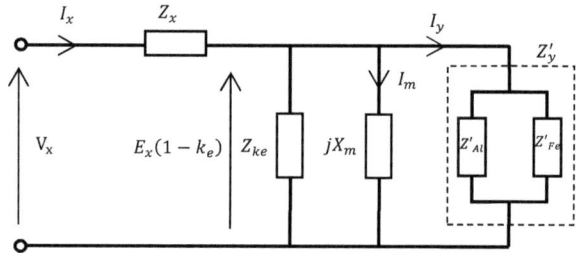

Figure 1.11 : *Schéma équivalent par phase tenant compte de l'effet d'extrémités*

Les paramètres de ce circuit sont l'impédance de fuite primaire Z_x, l'impédance due à l'effet d'extrémités Z_{ke}, la réactance de magnétisation X_m et l'impédance des couches secondaires Z'_y renfermant celle du ferromagnétique Z'_{Fe} et d'aluminium Z'_{Al}, [73].

Pour caractériser les impédances constitutives de ce circuit, on peut considérer l'impédance de l'acier du secondaire comme étant le rapport entre le champ électrique transversale et le champ magnétique longitudinal à la surface de l'acier du secondaire du côté de l'entrefer (c'est-à-dire pour $y = D_{Al} + g'$). De plus, en introduisant l'expression du facteur de l'effet de bords, k_z, on obtient l'impédance ferromagnétique Z_{Fe} du secondaire qui tient compte de la longueur transversale finie du moteur linéaire à induction [74] :

$$Z_{Fe}(s) = \frac{js\omega_x\mu_{Fe}}{k_{Fe}} \frac{1}{tanh(k_{Fe}D_{Fe})} k_z \tag{1.63}$$

Où

$$K_{Fe} = \left(js\omega_x\mu_{Fe}\sigma_{Fe} + \left(\frac{\pi}{\tau}\right)^2 \right)^{0.5} \tag{1.64}$$

D'autre part, l'impédance équivalente des deux couches du secondaire peut être exprimée comme étant le rapport du champ électrique transversal, E_{oy2}, au champ magnétique longitudinal, H_{ox2}, à la surface de la couche en aluminium du côté du primaire (c'est-à-dire $y = g'$). Notons que cette expression dépend des paramètres de la couche de l'acier du secondaire. En faisant tendre l'impédance du ferromagnétique du secondaire vers l'infini, on déduit l'expression de l'impédance de la couche conductrice en aluminium, on trouve :

$$Z_{Al}(s) = \frac{js\omega_x\mu_0}{K_{Al}} \frac{1}{tanh(K_{Al}D_{Al})} \tag{1.65}$$

Où

$$K_{Al} = \left(js\omega_x\mu_0\sigma'_{Al} + \left(\frac{\pi}{\tau}\right)^2 \right)^{0.5} \tag{1.66}$$

De ce fait, l'impédance de la branche du secondaire d'un schéma équivalent monophasé en T peut être exprimée, ainsi :

$$Z_y(s) = \frac{Z_{Fe}(s).Z_{Al}(s)}{Z_{Fe}(s) + Z_{Al}(s)} \tag{1.67}$$

D'autre part cette impédance peut être ramenée au primaire de telle sorte que l'impédance du secondaire du schéma équivalent monophasé soit exprimée par :

$$Z'_y = \frac{Z_{Fe}(s).Z_{Al}(s)}{Z_{Fe}(s)+Z_{Al}(s)}\frac{1}{s}k_{tr}\frac{L_l}{\tau} = \frac{R_y}{s} + jx_y \tag{1.68}$$

Où

$$k_{tr} = \frac{2m(Nk_\omega)^2}{p} \tag{1.69}$$

De même, en exprimons l'impédance vue du côté du primaire (impédance en dessous de la nappe des courants primaires) et on fait tendre l'impédance du secondaire, $Z_y(s)$, vers l'infini, on peut obtenir l'expression de la réactance de magnétisation ramenée au primaire :

$$X_m = \frac{\mu_0 \omega_x}{\frac{\pi}{\tau}tanh\left(\frac{\pi}{\tau}g'\right)}k_{tr}\frac{L_l}{\tau} \tag{1.70}$$

Dans ce modèle, on peut tenir compte des pertes fer dans le primaire. Pour ce faire, une résistance (R_{Fe}) montée en parallèle avec (X_m) doit être ajoutée dans la branche de magnétisation, de telle sorte que :

$$R_{Fe} = \frac{mE_s^2}{\Delta P_{Fe}}k_{ad} \tag{1.71}$$

Où E_x est la force électromotrice induite dans une phase du primaire, ΔP_{Fe} représente les pertes fer et d'hystérésis, et k_{ad} représente le facteur des pertes additionnelles dans le primaire, il est compris entre 1.2 et 2 dans le cas des moteurs linéaires à induction, [75]. Si la réactance de magnétisation et la résistance représentant les pertes fer actives sont montées en série, l'impédance de branche de magnétisation sera exprimée par :

$$Z_\mu = R_\mu + jX_\mu \tag{1.72}$$

Où

$$R_\mu = \frac{R_{Fe}X_m^2}{R_{Fe}^2 + X_m^2} \quad et \quad X_\mu = \frac{R_{Fe}^2 X_m}{R_{Fe}^2 + X_m^2} \tag{1.73}$$

La méthode la plus simple pour étudier et analyser un MLSI c'est l'utilisation d'un circuit équivalent. La résistance d'une phase du primaire et la réactance de fuites du primaire peuvent être exprimées en utilisant les méthodes utilisées dans le cas des machines conventionnelles, on a pris :

$$R_x = \rho_{Cu0}\left(1+\alpha_{Cu}\Delta T\right)\frac{2\left(L_l+L_f\right)}{N_b\frac{\pi D_b^2}{4}}N \tag{1.74}$$

Pour ce qui est de la réactance de fuites du primaire (due aux fuites dans les encoches et la partie frontale des bobines), elle est calculée en utilisant l'une des méthodes utilisées dans le cas des machines rotatives conventionnelles présentées d'une manière exhaustive dans [76]. On a pris dans cette étude :

$$x_x = \omega_x\left\{\left(\frac{N^2}{3}\right)\frac{\mu_0 L_l h_e}{O_e}+\frac{N^2\mu_0 w_c}{8}Ln\left(\frac{\pi\mu_0 w_c}{4h_e O_e}\right)\right\} \tag{1.75}$$

L'effet de peau dans le bobinage du primaire est négligé sur toute la plage des fréquences d'alimentation car le diamètre d'un brin est suffisamment petit.

Pour tenir compte de l'effet d'extrémités, l'amplitude de la force électromotrice induite dans une phase de l'enroulement du primaire est modifiée ainsi :

$$E_{me} = \left(1-K_e\right)E_{mx} \tag{1.76}$$

Cela revient à monter une impédance en parallèle avec la branche de magnétisation exprimée par :

$$Z_{ke} = \frac{1-ke}{ke}\frac{Z_\mu Z_y^{'}}{Z_\mu+Z_y^{'}} = \frac{1-ke}{ke}Z_{tot} \tag{1.77}$$

En partant du schéma équivalent, on peut déterminer les caractéristiques du moteur linéaire à induction. Commençons par les expressions des courants du secondaire et de magnétisation ramenés au primaire. Puisque le moteur est alimenté en courant, on peut écrire :

$$I_y = \left(\frac{\left(1-K_e\right)^2 E_x^2}{\left(\frac{R_y}{s}\right)^2+\left(\frac{x_y}{s}\right)^2}\right)^{0.5} = \frac{Z_{tot1}}{Z_{tot1}+Z_y^{'}}I_x \tag{1.78}$$

$$I_m = \left(\frac{\left(1-K_e\right)^2 E_x^2}{R_\mu^2+X_\mu^2}\right)^{0.5} = \frac{Z_{tot2}}{Z_{tot2}+Z_\mu}I_x \tag{1.79}$$

où

$$Z_{tot1} = \frac{Z_{ke}Z_\mu}{Z_{ke}+Z_\mu} \text{ et } Z_{tot2} = \frac{Z_{ke}Z_y^{'}}{Z_{ke}+Z_y^{'}} \tag{1.80}$$

Examinons maintenant, la poussée et la force normale développées par un moteur linéaire à induction. Pour la force de propulsion (la poussée), F_x, on peut écrire :

$$F_x = \frac{3}{v_x}(I_y)^2 \frac{R_y}{s} \tag{1.81}$$

Pour le calcul de la force normale, on a utilisé une formule empirique proposée dans [77], elle est donnée par :

$$F_y = \frac{B_{oyg}^2}{4\mu_0} A_p - \frac{B_{oxg}}{B_{oyg}} F_x \tag{1.82}$$

où A_p est la surface transversale équivalente du primaire qui tient compte des encoches semi remplies dans les machines linéaires à induction. Elle est exprimée par (on ajoute Δx si la longueur de primaire du moteur linéaire est plus grande que $2\tau p$ dans la direction longitudinale (OX) :

$$A_p = (2\tau p + \Delta x)L_2 \qquad si\ L_2 < L_1 + 2g' \tag{1.83}$$

$$A_p = (2\tau p + \Delta x)(L_1 + 2g') \qquad si\ L_2 > L_1 + 2g' \tag{1.84}$$

Et B_{oyg} c'est l'amplitude de l'induction normale dans l'entrefer en tenant compte de la saturation et de l'effet d'extrémités longitudinales. Elle est empiriquement donnée par [78] :

$$B_{oyg} = \left(\frac{A_{oz}^2}{\left\{ \sigma_{Al}' d_y' (v_x - v_y) \right\}^2 + \left(\frac{g' k_c}{\mu_0} \frac{\pi}{\tau} \right)^2} \right)^{0.5} \tag{1.85}$$

où A_{oz} c'est l'amplitude de la densité du courant primaire, soit :

$$A_{oz} = \frac{m\sqrt{2}NI_x}{\tau p} \tag{1.86}$$

6. 3.5. Étude par simulation de la méthode de couches

Pour évaluer l'efficacité de la méthode de couches on s'est intéressé à la détermination du courant magnétisant, du courant secondaire, de la force de poussée, de la force normale, du rendement et du facteur de puissance pour des régimes de fonctionnement à vitesse et charge variables.

Dans ce contexte, la figure 1.12, représente la variation des courants magnétisant et secondaire pour des vitesses et des courants d'alimentation variables.

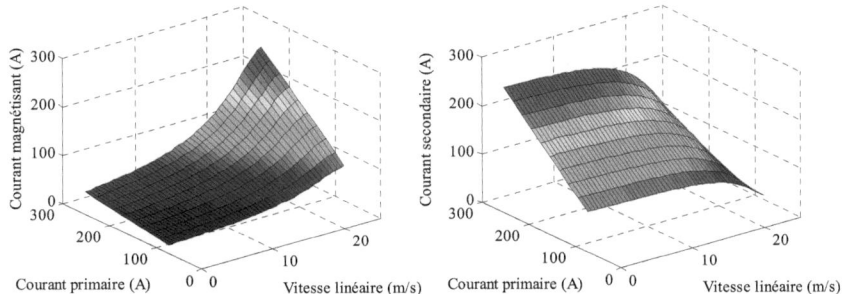

Figure 1.12 : Courants magnétisant et secondaire pour des vitesses et courants variables

La figure 1.13 expose la force de poussée et la force normale développées par le moteur considéré en fonction de la vitesse et du courant primaire pour une fréquence de 50Hz. Ces courbes montrent, identiquement à la méthode de Duncan, une proportionnalité quasi quadratique entre le courant du primaire et la poussée développée par le moteur. A titre indicatif, pour un courant d'alimentation égalisant 140 A, les maximums des forces de poussée et normale sont respectivement 852.33 N et 3039 N, alors qu'ils s'élèvent à 1739.54 N et 6698 N lorsque le courant atteint les 200 A.

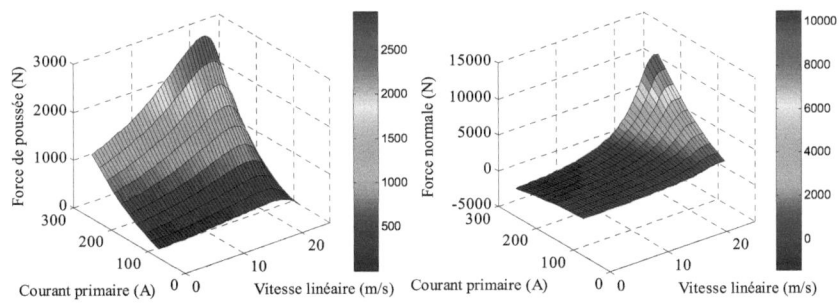

Figure 1.13 : Forces développées par la machine pour des vitesses et courants variables

La figure 1.14 expose les variations du rendement et du facteur de puissance en fonction de la vitesse et du courant primaire pour une fréquence d'alimentation fixée à 50 Hz. Ces courbes montrent que, pour une alimentation nominale, la valeur maximale du rendement est de 67 %. C'est une valeur faible par comparaison avec celle d'une machine asynchrone cylindrique. Le faible rendement constitue l'inconvénient majeur des machines linéaires à induction.

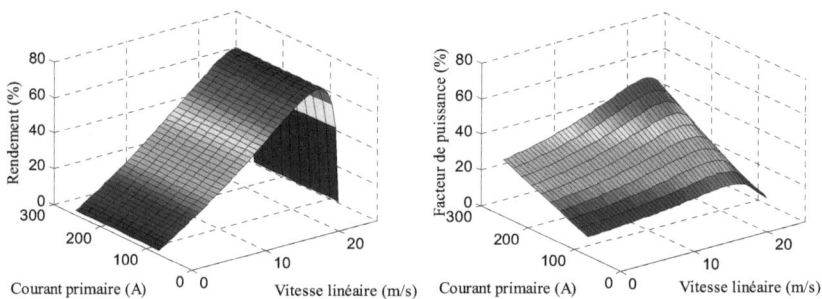

Figure 1.14 *: Rendement et facteur de puissance pour des vitesses et courants variables*

Les résultats consignés dans la figure 1.15 montrent, d'une part, que l'épaisseur équivalente d'une couche homogène en aluminium varie en fonction de la vitesse. D'autre part, ils illustrent que le facteur modélisant les effets d'extrémités augmente avec la vitesse. L'impact de ce facteur sur le comportement de la machine est illustré par la figure 1.16.

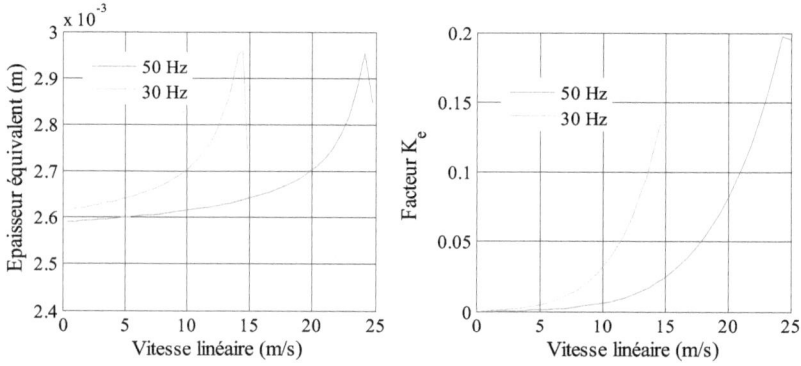

Figure 1.15*: Evolution de l'épaisseur équivalente et du facteur de l'effet d'extrémités*

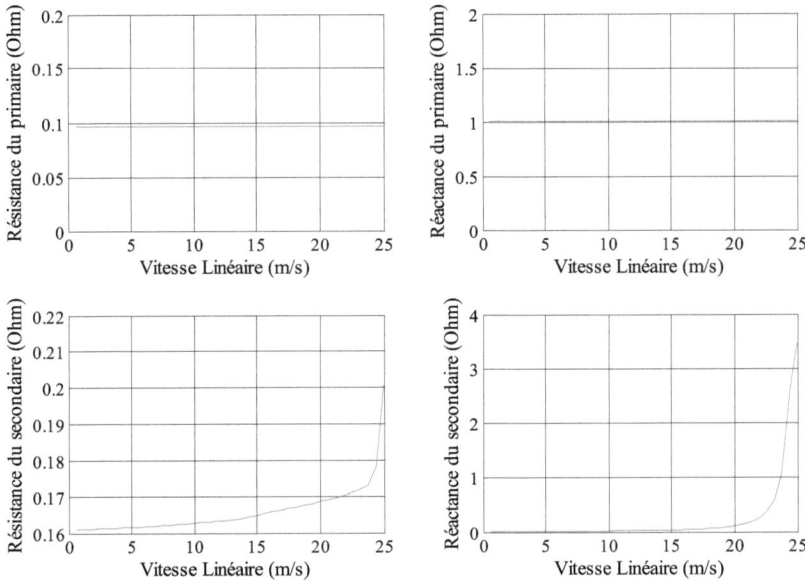

Figure 1.16*: Evolution des paramètres du circuit équivalent par phase*

En effet, à partir des résultats présentés sur la figure 1.16, on conclut que les paramètres du primaire sont constants, alors que ceux du secondaire sont variables selon les conditions de fonctionnement suite, entre autres, aux effets spécifiques dans les moteurs linéaires à induction tels que les effets d'extrémités, les effets de bords, la saturation et les effets de peau.

Finalement, la modélisation par la méthode de couches est basée sur des schémas équivalents monophasés, dont l'impédance mutuelle et l'impédance du secondaire du moteur linéaire à induction, ont été évaluées à partir d'une analyse 2D des champs au sein d'une section longitudinale. Pour cette approche, les effets de bords ainsi que la saturation et d'hystérésis dans le ferromagnétique du secondaire, sont pris en compte en utilisant des facteurs de correction. En outre, les pertes actives dues aux courants de Foucault et d'hystérésis dans le circuit magnétique du primaire sont considérées en utilisant une perméabilité magnétique complexe, ce qui justifie l'efficacité et la pertinence de la méthode de couches quant à la détermination des performances et des caractéristiques du moteur linéaire à simple induction. Le modèle analytique, ainsi obtenu peut être utilisé pour déterminer, avec suffisamment de précision, les performances électromagnétiques d'un moteur linéaire à induction constitué de deux couches au secondaire. Il est montré dans les références [79, 80], que ce modèle est valable sur une large plage de variation des principaux paramètres géométriques et électriques (entrefer, épaisseur de la couche en aluminium et de l'acier du secondaire, courant du primaire et sa fréquence).

Toutefois, l'inconvénient majeur de cette approche est inhérent au temps de calcul que nécessite la détermination itérative des différents paramètres constitutifs du modèle ce qui pose des contraintes difficilement surmontables quant à l'exploitation de cette approche dans une commande en temps réel.

6.4. Contribution à la modélisation par amélioration de l'approche de Duncan conventionnelle

La contribution à la modélisation que nous proposons dans ce paragraphe est orientée vers l'amélioration de l'approche de Duncan largement utilisée pour la commande des moteurs linéaires. Cette amélioration consiste à introduire les variations qui affectent les paramètres du secondaire au cours du fonctionnement en régime d'entraînement à vitesse et charge variables des moteurs linéaires à induction, ce qui offre une amélioration de la précision de la commande de ce type d'actionneur.

Réellement, et en raison des phénomènes spécifiques qui apparaissent au cours du fonctionnement des MLSIs, les paramètres du circuit équivalent par phase varient en fonction du glissement. Toutefois, la méthode de Duncan ne tient pas compte de ces variations qui sont significatives ce qui constitue l'handicape majeur de cette approche. Pour surmonter cette limite, nous avons pensé à interfacer la méthode de couches à celle de Duncan pour estimer, hors ligne, la variation des paramètres du circuit équivalent et des effets d'extrémités et de bords. Ainsi, les éléments (R_y, l_y) du schéma équivalent sont calculés par la méthode de couches et injectés dans le modèle de Duncan sous forme de base de données structurée autour de surfaces de réponse.

6.4.1. Équations de la machine linéaire

La puissance électromagnétique transmise du primaire au secondaire à travers l'entrefer est :

$$P_{elm} = P_m + \Delta P_2 = F v_x \tag{1.87}$$

Avec : P_m est la puissance mécanique, ΔP_2 sont les pertes ferromagnétiques et les pertes par effet Joule dans le secondaire.

La puissance mécanique interne d'un MLSI (c'est-à-dire la partie de la puissance électrique transformée en puissance mécanique) est :

$$P_m = P_u + \Delta P_m = F v_y \tag{1.88}$$

Avec P_u est la puissance utile, c'est-à-dire celle qui est utilisable par la charge entraînée, et ΔP_m représente les pertes mécaniques.

La relation qui existe entre la force électromagnétique et la force utile ou la force de poussée F_x est la suivante :

$$F = F_x + \Delta F_m = \frac{P_u}{v_y} + \frac{\Delta P_m}{v_y} \tag{1.89}$$

Avec ΔF_m est la force due aux pertes mécaniques.

La poussée F_x est définie par l'équation (1.89), alors que la force normale dans le cas d'un MLSI avec un secondaire contenant une plaque ferromagnétique (acier) est décomposée en deux composantes : une force d'attraction et une autre de répulsion.

La force d'attraction due au flux principal qui traverse l'entrefer est proportionnelle au produit de la réactance verticale et le carré du courant magnétisant. En effet, elle est donnée par :

$$F_{ya} = k_a L_m \left[1 - f(Q)_D \right] I_m^2 \tag{1.90}$$

Avec $k_a = 3/2 g_e$ et g_e étant la valeur équivalent de l'entrefer.

La seconde composante est la force de répulsion entre le courant dans le secondaire et son courant reflété au primaire, elle est exprimée par :

$$F_{yr} = k_r \left(I_y \right)^2 \tag{1.91}$$

Où k_r est une constante positive obtenue à partir des essais statiques, [80]. A partir des équations (1.90) et (1.91), on obtient l'expression de la force normale, soit :

$$F_y = F_{ya} - F_{yr} = k_a L_m \left[1 - f(Q)_D \right] I_m^2 - k_r \left(I_y \right)^2 \tag{1.92}$$

Les équations (1.87) et (1.88) donnent une relation semblable à celle d'une machine cylindrique :

$$P_m = \frac{v}{v_x} P_{elm} = (1 - s) P_{elm} \tag{1.93}$$

Le courant secondaire ramené au primaire est :

$$I_y = \frac{\left| E_2^{'} \right|}{\left| \dfrac{Z_y(s)}{s} \right|} = \frac{\left| E_1^{'} \right|}{\sqrt{\left[\dfrac{R_y(s)}{s} \right]^2 + \left[\dfrac{x_y(s)}{s} \right]^2}} \tag{1.94}$$

L'impédance du secondaire rapportée au système du primaire et qui représente les pertes est :

$$Z_y^{'} = R_y(s) + jx_y = k_{tr} Z_y(s) \tag{1.95}$$

Dans ce cas, le courant magnétisant est donné par :

$$I_m = \left| \frac{Z_y^{'}}{Z_y^{'} + \left\{ R_y(s) f(Q)_D + jX_m \left[1 - f(Q)_D \right] \right\}} \right| I_x \tag{1.96}$$

La perte de puissance active dans le secondaire est :

$$\Delta P_2 = 3 I_y^2 R_y(s) = 3 \left(I_y \right)^2 R_y(s) \tag{1.97}$$

La puissance électromagnétique traversant l'entrefer (puissance de l'entrefer) est :

$$P_{elm} = 3 \left(I_y \right)^2 \frac{R_y(s)}{s} = \frac{\Delta P_2}{s} \tag{1.98}$$

Combinant les équations (1.93) et (1.97), la puissance mécanique (1.99) s'exprime en fonction des pertes au secondaire et le glissement, soit :

$$P_m = \frac{1-s}{s} \Delta P_2 \tag{1.99}$$

La puissance active d'entrée est :

$$P_e = 3 V_x I_x \cos\varphi \tag{1.100}$$

Avec V_x et I_x sont la tension aux bornes d'une phase et le courant dans une phase primaire respectivement, et φ le déphasage entre V_x et I_x.

Le rendement et le facteur de puissance sont donnés respectivement par :

$$\eta = \frac{P_u}{P_e} = \frac{F_x v_y}{3 V_x I_x \cos\varphi} = \frac{F_x 2\tau f_x (1-s)}{F_x 2\tau f_x + 3 I_x^2 R_x} \tag{1.101}$$

$$\cos\varphi = \frac{F_x 2\tau f_x + 3 I_x^2 R_x}{3 V_x I_x} \tag{1.102}$$

Le produit *rendement* multiplié par *le facteur de puissance* est un des paramètres les plus importants qui caractérise le fonctionnement des MLSIs. Il s'exprime par :

$$\eta \times \cos\varphi = \frac{F_x 2\tau f_x (1-s)}{3V_x I_x} \qquad (1.03)$$

Généralement ce paramètre ne dépasse pas 0,4 (au maximum 0,5). C'est une valeur très faible en le comparant avec celui d'une machine asynchrone cylindrique qui atteint 0,8. Ce faible produit $\eta \cos\varphi$ dans un MLSI est principalement dû à l'important entrefer, c'est l'inconvénient fondamental pour la conception de ce type d'actionneur, [80].

Le diagramme des puissances dans un MLSI est représenté par la figure 1.17.

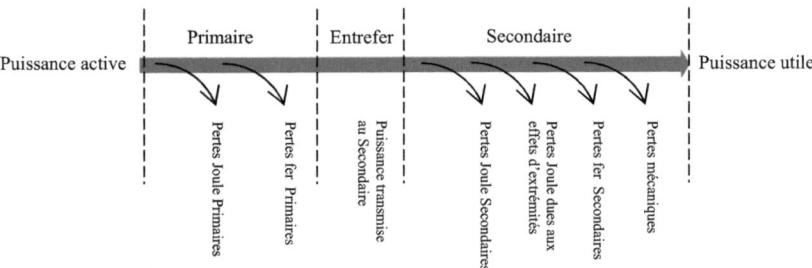

Figure 1.17 : Illustration de l'écoulement de puissance dans la MLSI

6.4.2. Influence des harmoniques

Dans un entraînement à vitesse variable, le convertisseur électronique alimente le moteur avec des tensions ou des courants périodiques, mais non sinusoïdaux. Il nous faut donc modéliser le comportement de la machine sous cet aspect.

6.4.2.1 Schéma monophasé équivalent

Il est à signaler que certains harmoniques du courant créent des champs tournants. Les composantes de rang ($n = 6k + 1$) donnent naissance à des tensions magnétiques tournantes à la vitesse $n(\pi / \tau)v_x$. Le glissement correspondant est :

$$s_n = \frac{n\frac{\pi}{\tau}v_x - (1-s)\frac{\pi}{\tau}v_x}{n\frac{\pi}{\tau}v_x} = \frac{n-(1-s)}{n} \qquad (1.104)$$

Les composantes de rang ($n = 6k - 1$) donnent naissance à des tensions magnétiques tournantes inverses à la vitesse $-n(\pi / \tau)v_x$. Le glissement correspondant est :

$$s_n = \frac{-n\frac{\pi}{\tau}v_x - (1-s)\frac{\pi}{\tau}v_x}{-n\frac{\pi}{\tau}v_x} = \frac{n+(1-s)}{n} \tag{1.105}$$

Le comportement du moteur linéaire vis-à-vis de l'harmonique de rang (n) peut être décrit par un schéma monophasé équivalent similaire à celui qui est utilisé pour une alimentation sinusoïdale, mais avec une résistance (R_y/s_n) faisant intervenir le glissement s_n relatif à la composante de rang (n). Comme (s_n) est proche de 1, cette résistance est de l'ordre de R_y.

En conséquence, l'impédance de la branche formée par (R_y/s_n) et (l_y) est beaucoup plus faible que l'impédance de la branche verticale :

$$\sqrt{\left(\frac{R_y}{s_n}\right)^2 + \left(n\frac{\pi}{\tau}v_x l_y\right)^2} = \sqrt{\left[R_y f_n(Q)_D\right]^2 + \left\{n\frac{\pi}{\tau}v_y L_m\left[1 - f_n(Q)_D\right]\right\}^2} \tag{1.106}$$

Le schéma monophasé équivalent peut alors se simplifier, figure 1.18(a). En première approximation, l'effet de la résistance est également négligeable, figure 1.18(b) :

$$\frac{R_y}{s_n} = l_y n\frac{\pi}{\tau}v_x \tag{1.107}$$

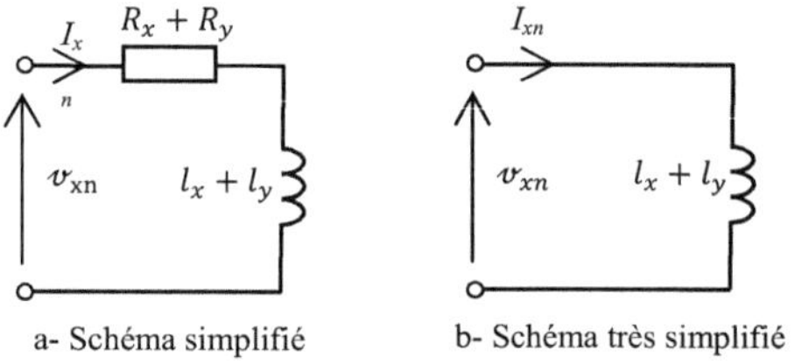

a- Schéma simplifié   b- Schéma très simplifié

Figure 1.18 : Schéma monophasé équivalent pour l'harmonique de rang n

Remarquons que ce schéma simplifié ne dépend pas du rang de l'harmonique. Il s'applique donc au signal formé par l'ensemble des harmoniques.

6.4.2.2 Forces moyennes dues aux harmoniques

Chaque harmonique pris séparément crée une force moyenne, mais nous allons montrer que sa valeur est négligeable devant la valeur de la poussée due au fondamental. La force est le quotient de la puissance traversant l'entrefer par la vitesse synchrone. Ainsi, la poussée due au fondamental est :

$$F_x = 3\frac{R_y}{s}\frac{1}{v_x}\left(I_y\right)^2 \tag{1.108}$$

Les composantes de rang $(n = 6k + 1)$ donnent naissance à des tensions magnétiques tournantes directes à la vitesse $n(\pi / \tau)v_x$. La force due à un tel harmonique est :

$$F_{xn} = 3\frac{R_y}{s_n}\frac{1}{nv_x}\left(I_{yn}\right)^2 \tag{1.109}$$

La force due à ces harmoniques est positive.

Les composantes de rang $(n = 6k - 1)$ donnent naissance à des tensions magnétiques tournantes inverses à la vitesse $-n(\pi / \tau)v_x$. La force due à un tel harmonique est :

$$F_{xn} = 3\frac{R_y}{s_n}\frac{1}{-nv_x}\left(I_{yn}\right)^2 \tag{1.110}$$

La force due à ces harmoniques est négative.

Ces forces harmoniques ont néanmoins des valeurs absolues très faibles par rapport à la force due au fondamental. Ceci est justifié par le calcul du rapport donné par l'expression (1.111). Dans cette expression, d'une part, le glissement (s) est petit devant 1 alors que le glissement (s_n) est proche de 1 et d'autre part, l'intensité efficace (I_{yn}) de l'harmonique de rang (n) est faible devant l'intensité efficace (I_y) du fondamental. Ce rapport calculé est bien extrêmement faible. :

$$\frac{|F_{xn}|}{F_x} = \frac{1}{n}\frac{s}{s_n}\left(\frac{I_{yn}}{I_y}\right)^2 \tag{1.111}$$

Enfin le modèle amélioré de Duncan que nous proposons est décrit par la figure 1.19 où (R_y) et (l_y) sont désormais des surfaces de réponse obtenues par application de la méthode de couches.

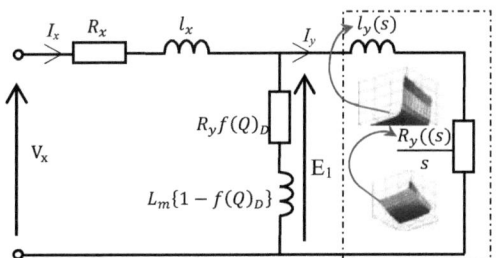

Figure 1.19 *: Schéma équivalent ramené au primaire*

6.4.3. Étude par simulation de l'approche améliorée de Duncan

L'étude par simulation numérique est menée sur le moteur linéaire à primaire triphasé considéré précédemment. Les surfaces de réponse illustrant les variations des paramètres secondaires (l_y et R_y) pour un fonctionnement à vitesse et courant variables sont consignées dans la figure 1.20.

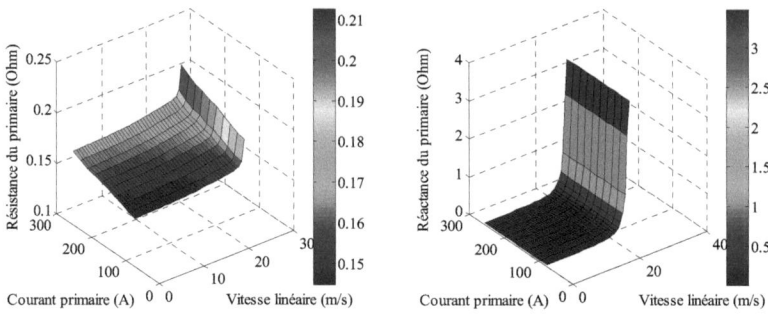

Figure 1.20 : Variation des paramètres du secondaire calculés par la méthode de couches

Ces surfaces de réponses montrent bien que les paramètres du secondaire (l_y et R_y) subissent au cours du fonctionnement de fortes variations. EN effet pour un courant nominal, la résistance du secondaire subit une variation de 24% lorsque nous passons d'un fonctionnement à vide à un fonctionnement à secondaire bloqué.

Les figures 1.21, 1.22 et 1.23 exposent respectivement les réponses de la force de poussée, de la force normale, du courant magnétisant, du courant secondaire, du rendement et du facteur de puissance développés par le moteur en fonction de la vitesse et du courant primaire pour une fréquence de 50 Hz.

Ces résultats confirment la proportionnalité quasi quadratique de la poussée développée par le moteur avec le courant du primaire. En effet, pour un courant d'alimentation égale à 140 A, la valeur maximale de la force de poussée est de l'ordre de 924.97 N, alors qu'elle égalise 1887.7 N lorsque le courant d'alimentation croît à 200 A. Les mêmes remarques peuvent être tirées sur la force normale. En effet, la valeur maximale de la force normale varie de 5.026 kN à 8.186 kN lorsque le courant s'élève de 140 A à 200 A.

La figure 1.22 expose les variations des courants magnétisant et secondaire en fonction de la vitesse et du courant d'alimentation pour une fréquence de 50Hz.

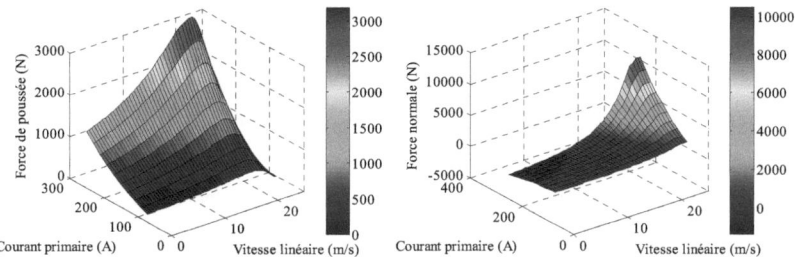

Figure 1.21 : *Forces développées par la machine pour des vitesses et des courants variables*

La figure 1.23 expose les variations du rendement et du facteur de puissance en fonction de la vitesse et du courant primaire pour une fréquence d'alimentation fixée à 50 Hz. Ces courbes montrent que, pour une alimentation nominale, la valeur maximale du rendement est de 68 %.

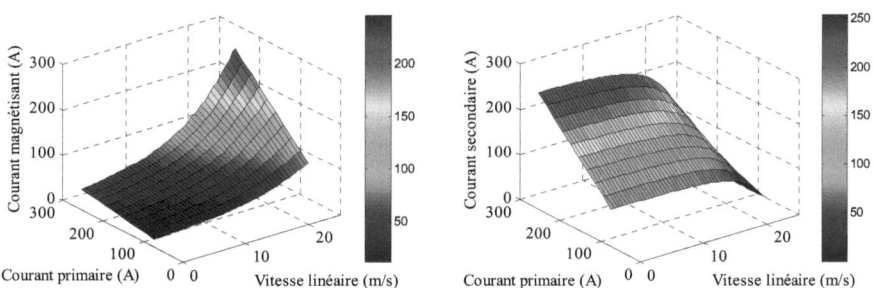

Figure 1.22 : *Courants magnétisant et secondaire pour des vitesses et des courants variables*

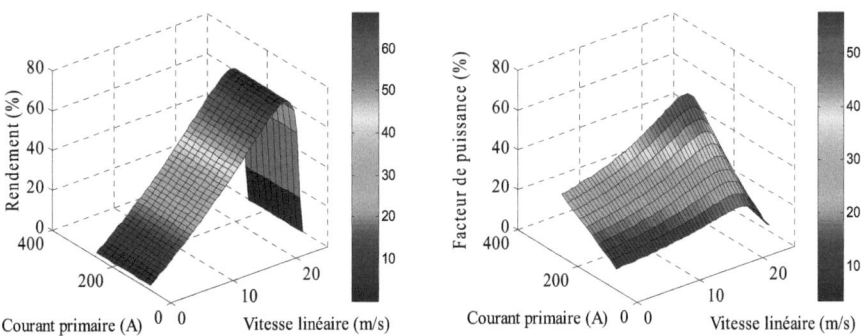

Figure 1.23 : *Rendement et facteur de puissance pour des vitesses et des courants variables*

6.5. Etude comparative des approches de modélisation analytiques

La méthode de couches tient compte des différents phénomènes présents lors du fonctionnement d'un moteur linéaire (effets dus à la géométrie de la machine, la saturation magnétique, des pertes actives) et conduit à des résultats très proches des réponses réelles de la machine ce qui lui confère une place prépondérante parmi les approches analytiques de modélisation. Elle est donc utilisée comme référence pour juger de l'efficacité de toute autre approche analytique de modélisation.

Pour avoir des résultats précis, on transforme les circuits équivalents par phase utilisés dans les méthodes analytiques par le théorème de Thévenin, figure 1.24 :

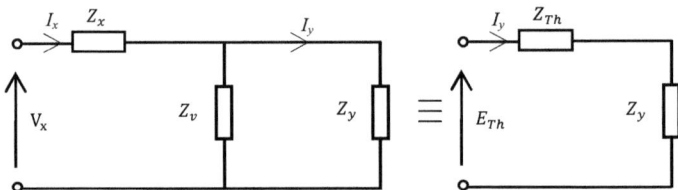

Figure 1.24 *: Transformation du circuit équivalent par le théorème de Thévenin*

La tension de Thévenin est exprimée par :

$$E_{Th} = \frac{Z_v}{Z_v + Z_x} V_x \tag{112}$$

L'impédance du circuit de Thévenin est donnée par :

$$Z_{Th} = \frac{Z_x \cdot Z_v}{Z_v + Z_x} \tag{113}$$

Le courant du secondaire est déduit à partir de la relation suivante :

$$I_y = \frac{1}{Z_{Th} + Z_y} E_{Th} \tag{114}$$

Pour évaluer la précision de l'approche de Duncan améliorée que nous avons proposé, nous avons élaboré cette étude comparative où nous avons juxtaposé sur les figures 1.25 et 1.26 les résultats obtenus par les trois approches traitées. Dans ces essais nous avons considéré un fonctionnement à deux fréquences différentes tout en gardant un rapport tension/fréquence constant.

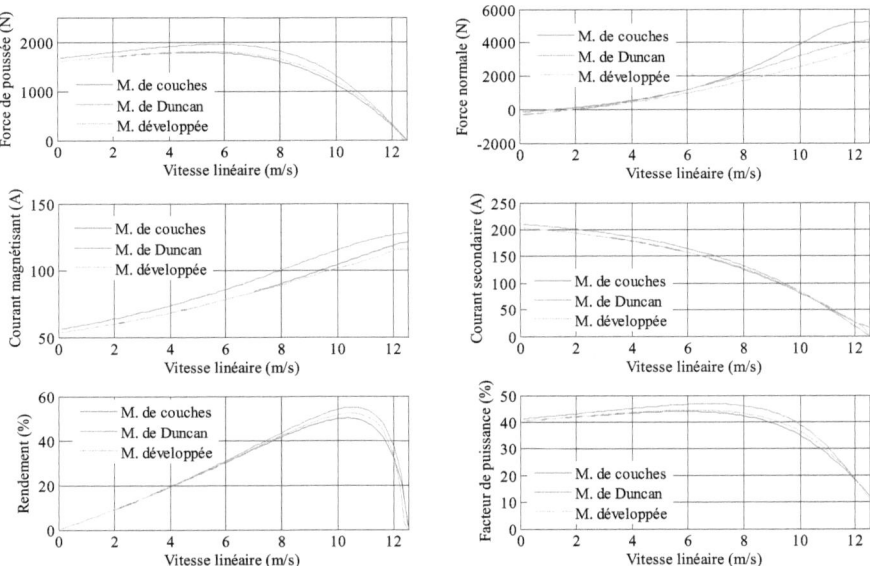

Figure 1.25 : *Comparaison des résultats obtenus pour une fréquence d'alimentation f_x=30 Hz*

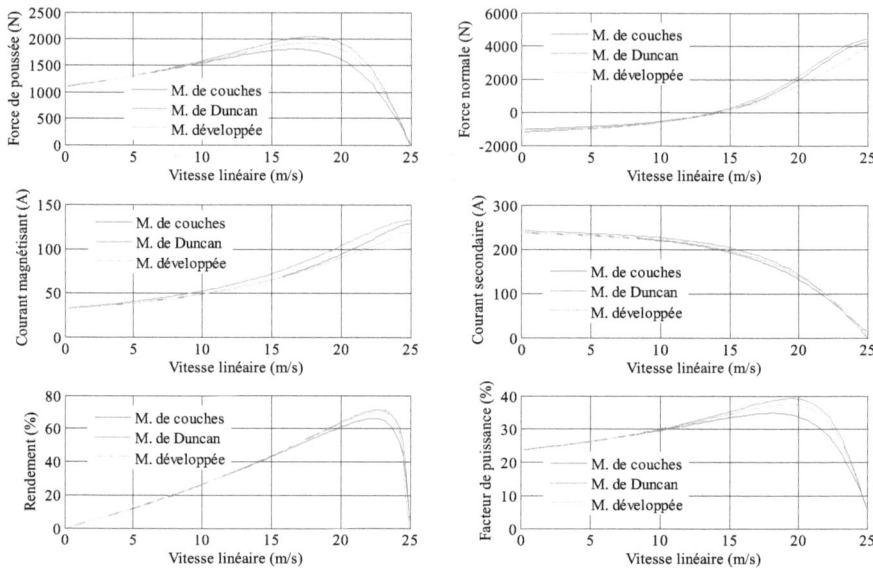

Figure 1.26 : *Comparaison des résultats obtenus pour une fréquence d'alimentation f_x=50 Hz*

Au niveau de l'ensemble des grandeurs simulées, ces résultats montrent qu'à fréquence basse, les résultats obtenus par la méthode de Duncan améliorée sont comparables dans de larges mesures à ceux fournis par la méthode de couches contrairement à la méthode de Duncan conventionnelle. De telles constations mettent en exergue l'efficacité de l'amélioration que nous avons apporté à la méthode de Duncan conventionnelle et témoignent de l'intérêt qu'elle offre quant à l'élaboration d'une commande vectorielle pour le pilotage des MLSIs tenant compte des effets longitudinal et transversal.

Par ailleurs à des valeurs de fréquences plus importantes, cette similitude de réponse n'est plus observée ce qui est expliquée par le fait que la caractérisation des effets d'extrémités longitudinale et transversale est estimée différemment par chaque méthode.

Pour un moteur linéaire à induction, le maximum de la force de poussée n'est plus constant même si on conserve constant le rapport $\frac{v}{f}$. Cet effet est dû à l'inductance de fuite primaire qui est assez importante. Ce phénomène est montré en comparant les forces maximales pour le fonctionnement considéré précédemment. En effet, la force maximale obtenue par la méthode de couches pour 50 Hz est égale à 1807 N alors qu'elle se dégrade à la valeur de 1788N pour 25 Hz.

7. Conclusion

Dans ce chapitre nous avons élaboré une modélisation avec considération des effets spéciaux de la machine linéaire à induction par deux approches analytiques différentes : l'approche de Duncan et celle de couches.

La méthode de Duncan consiste à introduire l'effet d'extrémités moyennant un coefficient correcteur affectant la branche magnétisante pour lui conférer une configuration appropriée. Par ailleurs, cette approche ignore la variation des paramètres du secondaire qui se manifeste significativement lorsque les conditions de fonctionnement changent. Toutefois, cette approche conduit à un modèle pouvant être implanté pour une commande en temps réel en vue de piloter les machins linéaires à induction.

La méthode de couches est développée en partant d'une analyse 2D des équations de champs électromagnétique. Elle prend en considération, par l'adoption d'hypothèses appropriées, la structure et ses propriétés physiques, la saturation du circuit magnétique du secondaire, les effets tridimensionnels dus aux bords de la machine et l'effet d'extrémités longitudinales. C'est une approche de modélisation qui offre des résultats plus précis que ceux obtenus par la méthode de Duncan mais conduit à des modèles gourmands en temps de calcul difficilement implantables pour une commande en temps réel.

C'est dans le but de palier aux défauts des deux méthodes et d'en profiter de leurs avantages que nous avons proposé, à la fin de ce chapitre, notre contribution qui consiste à améliorer l'approche de Duncan conventionnelle. Cette amélioration consiste à exploiter, hors ligne, la méthode de couches pour générer des bases de données caractérisant, sous forme de surfaces de réponses, la résistance et l'inductance du secondaire. Désormais, ces paramètres sont rafraichis en dynamique à leurs justes valeurs ce qui a conféré à la méthode de Duncan améliorée une précision comparable à celle obtenue par la méthode de couches tout en préservant sa facilité d'implantation pour une commande en temps réel.

Les approches de modélisation analytiques, à la différence de leurs complexités, ne peuvent tenir compte entièrement de tous les phénomènes qui interagissent au cours du fonctionnement des machines linéaires à induction particulièrement en régime d'entraînement à vitesse et charge variables. C'est dans ce contexte que nous nous orientons, dans le chapitre suivant, vers une modélisation par approches numériques.

Chapitre 2

Modélisation des régimes statique et dynamique de la machine linéaire par MEF-2D et 3D

1. Introduction

Particulièrement, dans le domaine de l'Usinage à Grande Vitesse (UGV) et aussi dans bien d'autres plusieurs domaines, les performances demandées à la commande de la chaîne de motorisation linéaire sont très exigeantes, [81-83]. Certes, ces exigences ne peuvent être satisfaites qu'à travers une connaissance aussi fidèle que possible des comportements réels statique et dynamique de l'actionneur linéaire.

Par ailleurs, et comme ce type de machine est, par construction, non ventilé, en entraînement à vitesse variable, ses paramètres fluctuent dans de larges proportions tout le long de son domaine d'exploitation imposant, à la machine des comportements statique et dynamique fortement variables d'un point de fonctionnement à un autre, [84]. La modélisation de ces comportements repose essentiellement sur la connaissance du champ magnétique. Cependant, lors de la modélisation de ce type d'actionneur linéaire, on rencontre plusieurs problèmes tels la saturation magnétique, la non-linéarité des matériaux et le comportement anisotrope des parties ferromagnétiques laminées ainsi que les effets spéciaux des extrémités qui se manifestent à travers les limites finies en longueur et en largeur des circuit magnétiques de l'actionneur. Ces problèmes rendent la modélisation via des approches analytiques insuffisante pour bâtir des commandes performantes et robustes. L'utilisation d'une technique numérique s'avère donc indispensable.

Actuellement, dans le domaine du génie électrique et notamment pour la modélisation des machines électriques, des outils puissants de CAO pour le calcul du champ sont disponibles. Ces outils, utilisant des techniques numériques de modélisation, sont devenus indispensables durant tous les stades de conception et de modélisation des systèmes électromagnétiques, [85].

C'est dans cette optique que s'intègrent les développements de ce deuxième chapitre. Ils consistent à proposer des contributions à la modélisation de la machine linéaire à induction par des techniques numériques permettant, particulièrement de quantifier les effets de bords et d'extrémités.

Dans ce sens, ce chapitre débute par une présentation de la méthode des éléments finis (MEF) et l'outil de simulation utilisé. Puis, une étude par éléments finis 2D est réalisée aussi bien en régime statique qu'en régime transitoire afin de quantifier les effets spécifiques de cette machine pour différents points de fonctionnement. Bien que le modèle MEF 2D donne des résultats satisfaisants, il ne tient pas compte des effets de bords. Pour améliorer davantage la précision des résultats obtenus par le modèle MEF 2D, nous développons enfin une approche de modélisation tridimensionnelle MEF 3D.

Ce deuxième chapitre est clôturé par une étude comparative entre les résultats obtenus par les approches numériques développées dans ce deuxième chapitre et ceux du premier chapitre obtenus analytiquement.

2. Technique utilisée pour la modélisation numérique

Bien que cette technique utilise des algorithmes numériques lourds, elle permet de résoudre directement les équations physiques de base du système à dimensionner avec un faible niveau d'hypothèses. Elle fournit des valeurs de potentiels magnétique, électrique ou thermique en différents points de la structure. On y en déduit alors des grandeurs macroscopiques ou globales telles que la force de propulsion moyenne, la puissance, le rendement, …, du dispositif étudié, [86]. Cette technique met en œuvre une méthode puissante d'analyse numérique qui consiste en la décomposition de la structure en petites régions linéaires ou quadratiques et permettent une modélisation locale des phénomènes électriques, magnétiques, mécaniques ou thermiques. En regroupant les équations nodales de toutes les subdivisions et en utilisant les conditions aux limites du problème, on peut établir une distribution approchée du potentiel dans tous les nœuds et par suite dans toutes les mailles de la structure.

Cette méthode est précise, car elle peut tenir compte des phénomènes locaux et ce d'autant plus que le maillage de la structure est plus fin. Elle s'applique le plus souvent moyennant de logiciels génériques permettant une description aisée de la structure géométrique et de ses propriétés physiques, [87]. En effet, Cette technique de modélisation consiste, à rechercher une fonction globale représentant les phénomènes étudiés, sur un domaine de résolution préalablement subdivisé en parties finis adjacentes appelées éléments finis, [88]. La solution globale sera construite sur chacun des éléments du maillage et doit vérifier globalement les équations aux dérivées partielles qui modélisent le phénomène et les conditions aux limites requises. Sur chaque élément fini, la solution est décrite par une interpolation, en fonction des valeurs nodales de l'inconnue.

3. Architecture générale des systèmes de CAO basés sur la MEF

La technique de modélisation reposant sur la méthode des éléments finis est actuellement exploitable à travers les logiciels de Conception Assistée par Ordinateur CAO. Ces logiciels permettent de traduire le fonctionnement du dispositif à étudier par des équations aux dérivées partielles électromagnétiques, thermiques ou couplés. Pour le traitement numérique, trois étapes sont enchaînés. La description de la géométrie, des caractéristiques physiques et du maillage est la première étape. La seconde consiste en la mise en œuvre de la méthode numérique de simulation. La vérification, la visualisation et l'interprétation des résultats constituent la troisième étape. Ces trois étapes sont bien distinctes et correspondent, pour un logiciel CAO, à trois fonctions différentes mais indissociables réalisées par des modules séparés :

- Le module d'entrée des données : dans cette phase sont réalisées trois fonctions, la première consiste à décrire la géométrie du dispositif d'étude sur laquelle va être effectué le calcul par la MEF. La seconde consiste à trouver un ensemble de nœuds et un ensemble d'éléments finis qui forment une discrétisation acceptable du domaine. Les nœuds sont repérés par leurs coordonnées alors que les éléments sont caractérisés par leur type et la liste de leurs nœuds. La troisième fonction permet de préciser les comportements physiques tels que la description des caractéristiques physiques des matériaux, la description des conditions aux limites et la description des conditions initiales pour un problème d'évolution.

- Le module de calcul : ce module procède à la mise en œuvre de la méthode des éléments finis, c'est-à-dire la résolution du ou des systèmes d'équations linéaires ou non. Il reçoit en entrée la discrétisation du domaine, les caractéristiques physiques et les conditions aux limites. Ensuite, il fournit les valeurs des grandeurs recherchées en chaque nœud du maillage. Les systèmes d'équations sont résolus en utilisant les méthodes matricielles globales qui comprennent plusieurs étapes ; construction des sous-matrices et des sous-vecteurs relatifs à chaque élément fini, prise en compte des conditions aux limites et résolution du système d'équations algébriques.

- Le module de sortie : ce module permet l'extraction d'informations significatives. Ces informations peuvent être reliées à des grandeurs locales (induction magnétique) ou globales (force électromagnétique). Ces grandeurs sont obtenues par l'application d'un nombre limité d'opérateurs de base. Le module de sortie permet, aussi, d'avoir une présentation synthétique des informations numériques sous forme graphique pour faciliter leur interprétation (carte de champ, courbe d'évolution de la température, tracé des vecteurs champs magnétiques).

A nos jours, de nombreux logiciels de CAO permettant la modélisation par MEF sont disponibles. On distingue, à titre d'exemple, Maxwell 2D, Maxwell 3D ou encore Flux 2D et Flux 3D, ….

4. Présentation de l'environnement de développement utilisé

Les développements que nous élaborons dans ce travail sont menés dans l'environnement Maxwell. En effet, Maxwell est un logiciel de simulation des champs permettant la conception, la modélisation et l'analyse en 2D et en 3D, des dispositifs électromagnétiques et électromécaniques tels que les moteurs, les transformateurs, les capteurs, les bobines, … IL utilise la méthode des éléments finis pour résoudre les champs électromagnétiques et électriques dans des domaines statique, fréquentiel et variable dans le temps. Le pré processeur de Maxwell permet à travers plusieurs modules, de définir la géométrie du dispositif à étudier, de choisir et/ou de construire une banque de matériaux, d'affecter les propriétés physiques aux différentes régions géométriques prédéfinies et de définir le schéma (les données) du circuit électrique. Il permet également un maillage automatique d'une géométrie prédéfinie. D'autre part, le processeur de Maxwell est constitué principalement d'un module de résolution des différents modèles usuels de l'électromagnétisme. Enfin, le post processeur de Maxwell permet, entre autres, de tracer les équipotentielles ou les lignes de flux, le maillage et les courbes selon un chemin prédéfini. Il permet aussi de calculer des grandeurs globales telles que le couple ou la force appliqués à un contour fermé, les inductions, les flux, les inductances, etc.

5. Modélisation en 2D de la machine linéaire à induction

Dans le but d'élaborer la modélisation numérique de la machine linéaire d'essais, plusieurs considérations doivent être mises en œuvre :

– choix d'un domaine d'étude,

- choix des matériaux nécessaires pour la modélisation des différents milieux physiques,
- choix du type de formulation,
- choix d'une technique adéquate de maillage pour tenir compte du mouvement du secondaire sans distorsion du maillage,
- définition des conditions aux limites.

5.1. Equations de base régissant le fonctionnement du LIM

Identiquement à tout dispositif électromagnétique, le fonctionnement de la machine linéaire à induction est régi par les équations de Maxwell. Ces équations lient le champ électrique E, le champ magnétique H, l'induction électrique D et l'induction magnétique B. Tout le long de la plage des fréquences de fonctionnement des actionneurs linéaires, il est possible d'ignorer l'effet des courants de déplacement et les phénomènes électrostatiques. En négligeant, en outre, l'aimantation rémanente dans les parties ferromagnétiques du moteur, les équations de Maxwell s'écrivent sous les formes suivantes, [54, 56, 89, 90] :

$$rot\vec{E} = -\frac{\partial \vec{B}}{\partial t}$$

$$div\vec{B} = 0$$

$$rot\vec{H} = \vec{J}_c \qquad (2.1)$$

$$div\vec{D} = \rho_c$$

avec $\vec{J}_c$ la densité du courant de conduction et ρ_c la densité de charge électrique. La conservation du courant électrique implique :

$$div\vec{J}_c = 0 \qquad (2.2)$$

Les relations constitutives des matériaux isotropes fournissent trois nouvelles relations entre les grandeurs utilisées précédemment :

$$\vec{J}_c = \sigma\vec{E}$$

$$\vec{B} = \mu\vec{H} \qquad (2.3)$$

$$\vec{D} = \varepsilon\vec{E}$$

où σ est la conductivité électrique, μ est la perméabilité magnétique et ε est la permittivité électrique. Puisque la relation (2.1) affirme que la divergence de l'induction magnétique est nulle, c'est donc qu'elle dérive d'un potentiel vecteur A tel que :

$$rot\,\vec{A} = \vec{B} \tag{2.4}$$

La densité des courants de conduction, en présence des pièces en mouvement, s'écrit sous la forme suivante :

$$\vec{J}_c = \vec{J}_s - \sigma\frac{\partial\vec{A}}{\partial t} - \sigma\,grad\phi + \sigma\vec{v}_y \wedge \vec{B} \tag{2.5}$$

Cette densité de courant est la superposition de quatre termes représentant respectivement :

- les courants imposés par la source alimentant l'enroulement du primaire du moteur linéaire,
- les courants de Foucault induits par la variation temporelle de l'induction dans des zones conductrices du primaire et du secondaire du moteur,
- un terme dû au potentiel électrique qui entre en jeu, puisque le flux magnétique n'est pas défini de façon univoque en fonction du potentiel vecteur magnétique seulement,
- les courants induits par un mouvement mécanique relatif éventuel, entre une pièce conductrice et les lignes de champ magnétique défini dans le référentiel de l'étude.

Les équations précédentes peuvent être combinées pour aboutir à l'équation globale suivante :

$$rot\left(\frac{1}{\mu}rot\,\vec{A}\right) = \vec{J}_s - \sigma(\frac{\partial\vec{A}}{\partial t} + grad\phi - \vec{v}_y \wedge \vec{B}) \tag{2.6}$$

L'équation (2.6) permet d'analyser les champs électromagnétiques dans les dispositifs alimentés en courant de façon générale et dans le moteur linéaire à induction en particulier. L'équation (2.4) montre que le potentiel vecteur magnétique dérive d'un rotationnel, donc une infinité de solutions se présentent et elles diffèrent les unes des autres d'un gradient. La jauge de Coulomb est souvent utilisée pour garantir l'unicité de la solution, [54, 55, 56].

5.2. Domaine d'étude

5.2.1. Structure mécanique de la machine d'étude

Le moteur linéaire à induction à modéliser est à primaire simple face, figure 2.1. Il est de type triphasé, possédant 6 pôles et 61 encoches au primaire dont 7 aux extrémités sont semi-remplies. Le circuit magnétique du primaire est de type ferromagnétique pour canaliser les lignes de flux tandis que le secondaire mobile est une plaque amagnétique d'aluminium dans laquelle se développent des courants induits. Elle est juxtaposée à une plaque d'acier magnétique favorisant le retour du flux. Ces courants induits engendrent un champ s'opposant au champ glissant créé par le bobinage triphasé parcouru par des courants triphasés. Par conséquent, le secondaire du moteur est repoussée vers le haut par le champ de réaction magnétique d'induit et entraînée par ce champ glissant.

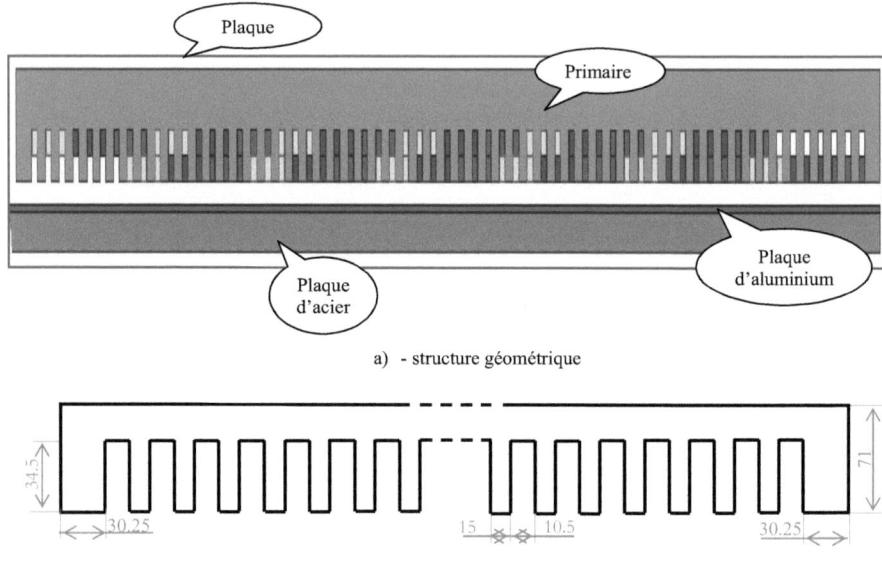

a) - structure géométrique

b) - Paramètres géométriques du primaire en mm

Figure 2.1 : *Structure géométrique générale de la LIM*

Le fonctionnement de la machine linéaire à induction est affecté par la non-linéarité et la saturation des circuits magnétiques. En modélisation et pour prendre en compte des fuites magnétiques, on considère que la structure est enfermée dans une boite d'air sur laquelle des conditions aux limites sont imposées.

Les paramètres géométriques de la machine linéaire considérée sont présentés dans le tableau 2.1 suivant :

Table 2.1 : *Paramètres géométriques de la structure active du moteur considéré*

Paramètres géométriques	Dimensions en (mm)
Longueur du primaire L_p	1600
Longueur de secondaire L_{sec}	3800

Epaisseur de l'entrefer g	15
Longueur transversale du primaire L_1	101
Longueur transversale du secondaire L_2	201
Hauteur du primaire h_p	71
Epaisseur de la plaque d'aluminium D_{Al}	4.5
Epaisseur de l'acier secondaire D_{ir}	25.4
Pas polaire τ	250
Largeur d'une dent du primaire l_d	15
Ouverture de l'encoche au primaire Oe	10.5
pas dentaire τ_d	25.5
Hauteur d'encoche h_e	34.5

5.2.2. Structure électrique de la machine d'étude

La distribution de la densité du flux magnétique dépend du nombre d'encoche par phase et par pôle (q) qui est exprimé par : ($q = z / 2pm$; où z est le nombre total d'encoches remplies de conducteurs, (m) est le nombre de phases et $2p$ est le nombre de pôles. D'autant plus que (q) est important, la densité du flux est proche d'une fonction sinusoïdale.

La répartition de l'induction dans l'entrefer ne dépend que de la répartition des conducteurs dans les encoches et du nombre d'encoches. En particulier, elle n'est pas influencée par la manière dont sont réalisées les connections frontales. Plusieurs schémas de bobinage sont alors envisageables. Les schémas de bobinages les plus utilisés sont, de point de vue de la création du flux dans la machine, strictement équivalents [91]. Ces schémas ne diffèrent que par la répartition et la longueur des têtes de bobines qui affectent la masse utilisée du cuivre ce qui se répercute sur le coût, sur les chutes ohmiques et le flux de fuite des connexions frontales et par conséquent sur le rendement et enfin, sur la facilité de la mise en œuvre industrielle ainsi que sur la facilité d'isolation.

Le moteur considéré dans cette étude est doté d'un bobinage imbriqué raccourci à pôles non conséquents dont la représentation schématique est fournie à la figure 2.2.

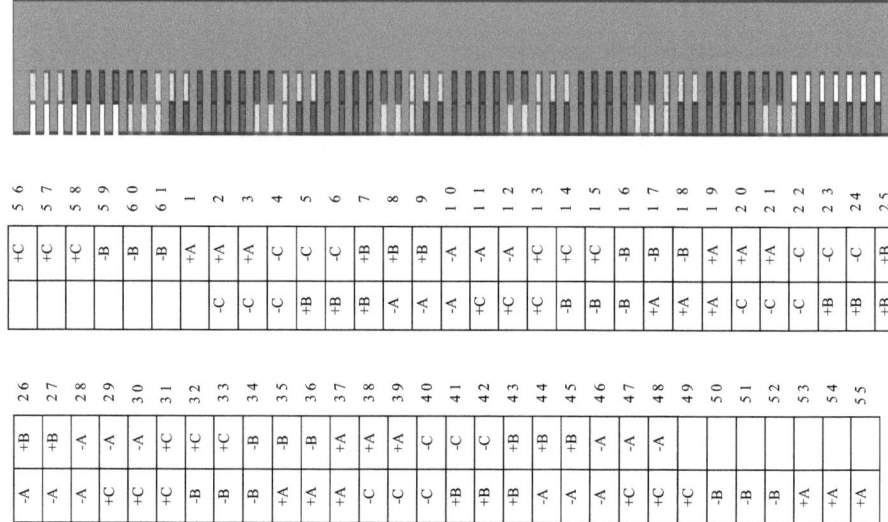

Figure 2.2 *: Schéma de connexion des faisceaux des enroulements primaires*

Pour pouvoir mener une modélisation bidimensionnelle, nous avons considéré la machine linéaire à induction comme étant un dispositif invariant par translation ce qui rend possible d'étudier la machine dans un plan de coupe, donc la densité des courants d'excitation et le vecteur potentiel magnétique sont perpendiculaires à la section longitudinale du moteur linéaire à induction. Cette section présente donc le plan d'étude dans lequel circule le flux magnétique. En plus, le vecteur potentiel $\vec{A}$ n'a qu'une seule composante suivant (*OZ*) qui ne dépend pas de la troisième dimension (*z*) et la condition de la jauge de Coulomb est naturellement vérifiée. Ce qui revient à négliger l'effet des courants induits dirigés suivant (*OX*) qui se ferment dans la partie active du secondaire, l'effet de la partie frontale de l'enroulement du primaire et l'effet de la longueur transversale finie d'un moteur linéaire à induction. Ces hypothèses permettent de réduire considérablement les temps de calcul et les difficultés de modélisation.

Dans un système d'axes orthogonaux (*X, Y, Z*) où la section transversale se situe dans le plan (*X, Y*), l'invariance suivant (*OZ*) permet d'écrire le vecteur magnétique et le vecteur de densité du courant d'excitation du moteur linéaire sous les formes suivantes:

$$\vec{A} = \begin{bmatrix} 0 & 0 & A \end{bmatrix}, \ \dot{\vec{J_s}} = \begin{bmatrix} 0 & 0 & J_s \end{bmatrix} \tag{2.8}$$

En tenant compte des équations précédentes, l'équation générale des courants induits est donnée par:

$$\Delta \vec{J_e} - \mu\sigma\left[grad\vec{v_y}.\left(\vec{J_s} + \vec{J_e}\right) + \frac{\partial \vec{J_e}}{\partial t}\right] - \sigma\left(\vec{v_y} \wedge \vec{B}\right) = \mu\sigma\frac{\partial \vec{J_s}}{\partial t} \qquad (2.9)$$

Dans cette hypothèse, la contribution du terme ($grad\phi$) dans les courants induits, peut être négligée à cause de la symétrie de la répartition de ces courants dans les appareils à induction de façon générale [93]. Dans ces conditions l'équation vectorielle (2.6), projetée sur les axes de coordonnées, donne naissance à la formulation analytique suivante [57, 93, 94, 95] :

$$\frac{\partial}{\partial x}\left(\frac{1}{\mu}\frac{\partial A}{\partial x}\right) + \frac{\partial}{\partial y}\left(\frac{1}{\mu}\frac{\partial A}{\partial y}\right) = -J_s + \sigma\left(\frac{\partial A}{\partial t} + v_y\frac{\partial A}{\partial x}\right) \qquad (2.10)$$

5.3. Propriétés physiques

Le circuit magnétique de la machine considéré est ferromagnétique. Il est donc très perméable et permet la circulation d'un flux magnétique important, quand on l'excite par de forces magnétomotrices relativement faibles. Néanmoins, ils présentent certains inconvénients, en particulier, la saturation, les pertes par les courants de Foucault et par l'hystérésis. Donc il faut ajouter à l'équation globale du modèle à traiter, la loi de comportement de ces matériaux ferromagnétiques *B(H)* qui exprime la relation non linéaire qui existe entre l'induction et le champ magnétique et qui est due à la saturation.

Pour utiliser cette représentation complexe des grandeurs, en présence de la saturation, on calcule une perméabilité magnétique équivalente à partir de la courbe de magnétisation. La caractéristique *B(H)* du matériau utilisé est donnée par la figure 2.3.

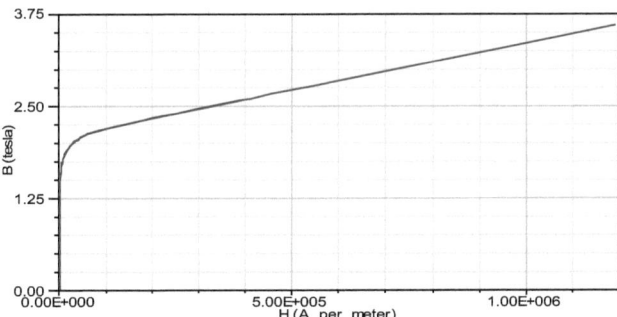

Figure 2.3 *: Courbe B(H) des matériaux magnétiques utilisés*

5.4. Construction de maillage

Du fait qu'en modélisation bidimensionnelle, les éléments triangulaires s'adaptent à toute configuration géométrique et permettent une discrétisation simple du domaine de résolution à deux dimensions, nous avons organisé les éléments finis constitutifs de la cartographie du maillage en éléments triangulaires, figure 2.4. Une attention particulière a été accordée au maillage de l'entrefer pour permettre la densification de la discrétisation dans cette zone où les grandeurs magnétiques varient fortement.

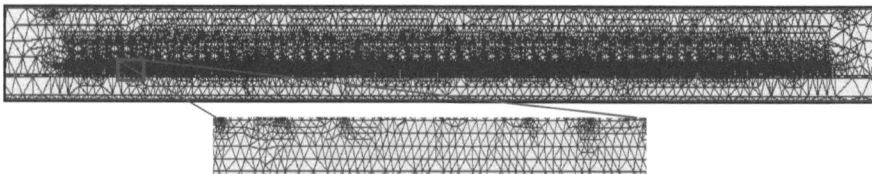

Figure 2 .4 : *Maillage du domaine d'étude*

La fonction d'interpolation adoptée pour l'approximation du vecteur potentiel magnétique qu'on cherche à évaluer pour pouvoir accéder à la caractérisation recherchée de la machine est dans ce cas, se présente sous la forme suivante :

$$A(x,y) = \alpha_1 + \alpha_2 x + \alpha_3 y \qquad (2.11)$$

Où α_1, α_2 et α_3 sont des constantes. Le vecteur potentiel A est parfaitement défini, en tout point d'un élément triangulaire, en connaissant les valeurs des potentiels en ces trois sommets $(A_1, A_2$ et $A_3)$, on peut écrire :

$$A(x,y) = \sum_{i=1}^{3} F_i(x,y) A_i \qquad (2.12)$$

où (i) prend autant de valeurs qu'il y a de nœuds dans l'élément, $F_i(i=1,3)$ sont appelées les fonctions de forme, ou les coordonnées d'aire du fait de leurs propriétés géométriques. Elles s'expriment par :

$$F_i(x,y) = a_i + b_i x + c_i y \qquad (2.13)$$

où a_i, b_i et c_i sont des constantes qui dépendent des coordonnées des trois sommets du triangle. F_i est une fonction dont les coefficients dépendent de la position x_i et A_i est la valeur du potentiel vecteur en x_i.

D'autre part, l'induction magnétique est exprimée de la façon suivante :

$$\vec{B} = rot\vec{A} \tag{2.14}$$

Dans l'hypothèse bidimensionnelle, le vecteur potentiel magnétique a une seule composante suivant l'axe (*OZ*), qui ne dépend que de *x* et de *y*, ce qui donne :

$$\vec{B} = \frac{\partial A}{\partial y}\vec{i} - \frac{\partial A}{\partial y}\vec{j} \tag{2.14}$$

Donc, l'induction magnétique possède deux composantes : l'une est tangentielle, elle crée les forces normales dans le moteur linéaire à induction et l'autre est normale ou utile et engendre la poussée du moteur, telles que :

$$B_x = \frac{\partial A}{\partial y} = \sum_{i=1}^{3} c_i A_i \tag{2.15}$$

$$B_y = -\frac{\partial A}{\partial x} = -\sum_{i=1}^{3} b_i A_i \tag{2.16}$$

Ces expressions montrent que l'induction magnétique est constante sur un élément triangulaire, à chaque instant ou à chaque itération.

5.5. Conservation de la non distorsion du maillage au cours de mouvement

Pour caractériser le comportement de la machine linéaire tout le long de son domaine de fonctionnement, on procède par déplacer la partie mobile sur toute la course prévue et on scrute l'état de la machine en plusieurs points successifs de cette course. De ce fait, la modélisation par éléments finis est délicate car il s'agit, à la fois, de suivre le mouvement et d'évaluer la diffusion lente du champ au niveau du secondaire. En effet, Les équations gouvernant la diffusion du champ électromagnétique, sont résolues numériquement et de façon indépendante par rapport à deux référentiels l'un lié à la partie fixe de la machine et l'autre à sa partie mobile. La difficulté réside dans le couplage de ces deux champs. La précision des résultats obtenus par la méthode des éléments finis est excellente lorsque la discrétisation est organisée en éléments réguliers. C'est ainsi que pour tenir compte du mouvement relatif entre le primaire et le secondaire, sans provoquer une distorsion du maillage, nous avons adopté la technique de bande de roulement.

Cette technique consiste à créer une bande d'éléments réguliers dans l'entrefer qui relie la géométrie du primaire et celle du secondaire [96]. Le secondaire ou le primaire peut glisser sur une distance quelconque, cependant au fur et à mesure que la distance de déplacement augmente, la distorsion des éléments de la bande augmente aussi, ceci provoque des difficultés d'ordre numérique. Lorsque la distorsion est importante, il vient nécessaire de remailler la bande de roulement et d'optimiser la connexion des différents nœuds afin de garder un maillage non distordu, [96-100].

Le procédé de discrétisation de l'espace en mouvement est expliqué sur la figure 2.5. En effet, quand le déplacement est petit, les éléments de la partie mobile sont légèrement tordus comme dans la figure 2.5(b). Et, quand le déplacement est plus important que la taille des éléments de la bande de roulement, les nœuds de la partie mobile sont renumérotés comme dans la figure 2.5(c). De cette façon, les nœuds et les éléments des extrémités gauche et droite de la partie mobile sont remplacés en maintenant les conditions aux limites inchangées.

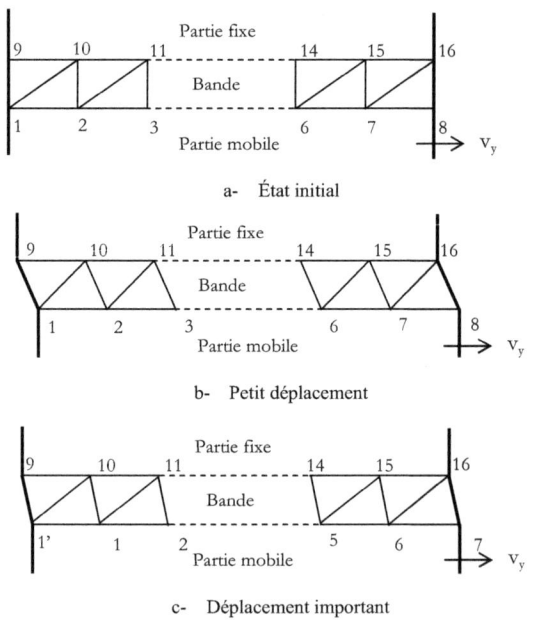

Figure 2.5: *Processus de discrétisation de la bande de roulement*

5.6. Formulation intégrale

La méthode des éléments finis discrétise une formulation intégrale pour conduire à un système d'équations algébriques qui fournit une solution approchée du problème, figure 2.6. Plusieurs formulations intégrales sont utilisées. Parmi ces formulations, on a utilisé l'approche projective appelée aussi la méthode des résidus pondérés qui, en utilisant des fonctions de pondération, permet de passer d'un système d'équations aux dérivées partielles à une formulation intégrale. L'intégration par parties fournit des formulations intégrales modifiées qui sont plus faciles à utiliser.

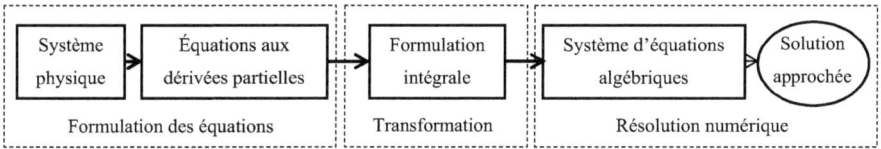

Figure 2.6 : *Transformation des équations d'un système physique*

Cette méthode de formulation consiste à projeter le résidu des équations différentielles aux dérivées partielles du modèle à traiter, sur un ensemble de fonctions indépendantes appelées fonctions de pondération. Si on prend comme fonctions de pondération les fonctions de forme, on tombe sur la méthode de Pétrov Galerkine. Ce choix est préféré, puisqu'il aboutit à des meilleurs résultats [101].

Pour obtenir la solution recherchée, il faut que l'intégrale du résidu de l'équation différentielle projetée sur la base des fonctions de test soit nulle. Sachant que le domaine de résolution est subdivisé en triangles linéaires, la formulation intégrale sur un élément s'écrit de la manière suivante [101-103].

$$\iint_s \left[F(x,y) \right] R(x,y,t)\, ds = 0 \qquad (2.17)$$

tels que :

$$\left[F(x,y) \right] = \left[F_1(x,y) \; F_2(x,y) \; F_3(x,y) \right]^t \qquad (2.18)$$

$$R(x,y,t) = \frac{1}{\mu}\left(\frac{\partial^2 A}{\partial x^2} + \frac{\partial^2 A}{\partial y^2} \right) + J_{ex} - \sigma\left(\frac{\partial A}{\partial t} + v_y \frac{\partial A}{\partial x} \right) \qquad (2.19)$$

où S est la surface d'un élément et $R(x, y, t)$ est le résidu de l'équation du modèle évolutif de type magnétodynamique pas à pas dans le temps qu'on prend comme exemple d'illustration dans ce qui suit.

L'intégration par partie des deux premiers termes du résidu, nous permet d'écrire la formulation intégrale précédente sous sa forme faible. Après simplification et comme :

$$A(x,y) = \sum_{i=1}^{3} F_i(x,y) A = \left[F(x,y) \right]^t [A] \qquad (2.20)$$

avec :

$$[A] = [A_1 \quad A_2 \quad A_3]^t \qquad (2.21)$$

on obtient [101] :

$$\frac{1}{\mu} \iint_s \left(\frac{\partial [F]}{\partial x} \frac{\partial [F]^t}{\partial x} + \frac{\partial [F]}{\partial y} \frac{\partial [F]^t}{\partial y} \right) [A] dxdy + \sigma \iint_s [F][F]^t \frac{\partial [A]}{\partial t} dxdy -$$

$$\sigma v_y \iint_s [F] \frac{\partial [F]^t}{\partial x} dxdy + J_s \iint_s [F] dxdy - \frac{1}{\mu} \oint_c [F] \frac{\partial A}{\partial n} dc = 0 \qquad (2.22)$$

où (C) est le conteur de l'élément et $\partial A / \partial n$ est la projection du gradient de (A) sur la normale au contour élémentaire dc. Le terme $\dfrac{1}{\mu} \oint_c [F] \dfrac{\partial A}{\partial n} dc$ dépend des conditions aux limites et des conditions d'interface et sera discuté ultérieurement (on montrera que cette intégrale de frontière n'influe pas le système globale). Après simplification des intégrales de l'expression (2.22), on obtient le système élémentaire suivant :

$$\frac{S}{\mu} \begin{bmatrix} b_i^2 + c_i^2 & b_i b_j + c_i c_j & b_i b_k + c_i c_k \\ b_j b_i + c_j c_i & b_j^2 + c_j^2 & b_j b_k + c_i c_k \\ b_k b_i + c_k c_i & b_k b_j + c_k c_j & b_k^2 + c_k^2 \end{bmatrix} \begin{bmatrix} A_i \\ A_j \\ A_k \end{bmatrix} + \frac{\sigma S}{12} \begin{bmatrix} 2 & 1 & 1 \\ 1 & 2 & 1 \\ 1 & 1 & 2 \end{bmatrix} \begin{bmatrix} \dfrac{\partial A_i}{\partial t} \\ \dfrac{\partial A_j}{\partial t} \\ \dfrac{\partial A_k}{\partial t} \end{bmatrix} -$$

$$\frac{\sigma S v_y}{12} \begin{bmatrix} b_i & b_j & b_k \\ b_i & b_j & b_k \\ b_i & b_j & b_k \end{bmatrix} = -J_s \frac{S}{3} \begin{bmatrix} 1 \\ 1 \\ 1 \end{bmatrix} \qquad (2.23)$$

où i, j et k sont les numéros des trois nœuds de l'élément dans le maillage.

Ce système peut s'écrire sous la forme compacte suivante :

$$[C]^{(e)} \frac{\partial [A]^{(e)}}{\partial t} + [C]^{(e)} [A]^{(e)} = [f]^{(e)} \qquad (2.24)$$

5.7. Assemblage des systèmes élémentaires

L'assemblage consiste à établir un système matriciel global à partir des systèmes élémentaires construits pour chaque élément de maillage. Ce système global est obtenu par la somation de ces systèmes élémentaires. Les matrices globales contiennent un fort pourcentage de termes nuls, car un élément (i, j) d'une matrice globale n'est calculé que si le nœud i est relié au nœud j, c'est-à-dire si les deux nœuds appartiennent au moins à un même élément, [103]. On a donc intérêt à concentrer les termes non nuls autour de la diagonale principale de ces matrices, ce qui permet d'obtenir des structures bandes et par conséquent réduire l'espace mémoire nécessaire pour le stockage et le temps de calcul, ou bien à ne stocker que les éléments non nuls et leur position dans une matrice creuse. Après assemblage, on obtient le système matriciel global suivant :

$$[C]\frac{\partial[A]}{\partial t}+[K][A]=[f] \tag{2.25}$$

De même, si on applique la méthode des résidus pondérés au modèle du magnétodynamique complexe (modèle en régime harmonique), on obtient le système matriciel suivant :

$$\left(jg\omega_x[C]+[K]\right)[A]=[f] \tag{2.26}$$

La résolution des systèmes (2.25) et (2.26) se fait après introduction des conditions aux limites et permet d'évaluer les valeurs nodales du vecteur potentiel magnétique.

5.8. Conditions aux limites et conditions d'interface

Pour que le problème soit complètement définit, il faut déterminer l'effet des conditions aux limites sur les frontières du domaine d'étude, ainsi que les conditions de passage entre les différents milieux constituant ce domaine [104-109].

5.8.1. Conditions aux limites

On distingue essentiellement trois types de conditions aux limites, dans le problème de champs électromagnétiques formulés en termes du vecteur potentiel magnétique :

– Conditions aux limites de Dirichlet ($A=A_0$): dans ce cas, le vecteur potentiel magnétique $\vec{A}$ est constant sur la frontière, ce qui implique que l'induction magnétique $\vec{B}$ est parallèle à ce contour qui présente alors une équipotentielle. On rencontre cette condition lorsque une partie ou tout le contour se trouve à une distance suffisamment éloigné des sources d'excitation, pour négliger les valeurs du vecteur potentiel magnétique sur cette partie de la frontière par rapport aux valeurs de ce même potentiel à l'intérieur du domaine (c'est-à-dire on suppose que $A=0$). Cette distance pourra être d'autant plus faible que le flux est mieux canalisé à l'intérieur du dispositif étudié. De plus, cette condition aux limites peut se présenter aussi sur les plans ou les axes polaires ; dans ce cas on se limite à mailler une partie du domaine de résolution.

– Condition aux limites de Neumann homogène ($\frac{\partial A}{\partial n}\Big|_{r} = 0$ c'est-à-dire $B_t = 0$) : on la trouve sur les plans ou les axes d'antisymétrie magnétique (axes interpolaires par exemple). Sur cette frontière, les lignes de l'induction magnétique sont normales. De même, lorsque ce type de conditions aux limites apparaît sur des axes d'antisymétrie, le maillage est limité à une portion du domaine.

5.8.2. Conditions d'interface

La structure de la machine linéaire à induction est composée de différents matériaux : fer, air, aluminium, cuivre, …. Avant d'aborder la résolution du problème, il est nécessaire de connaître le comportement des champs électromagnétiques à travers l'interface entre deux milieux différents. En effet, la composante normale de l'induction $\vec{B}$ est continue au passage entre deux milieux différents telle que:

$$\vec{B}_{n1} = \vec{B}_{n2} \tag{2.27}$$

De plus, la composante tangentielle du champ magnétique $\vec{H}$ l'est également, en absence des courants surfaciques.

$$\vec{H}_{t1} = \vec{H}_{t2} \tag{2.28}$$

C'est-à-dire :

$$\frac{1}{\mu_1}\frac{\partial A}{\partial n} = \frac{1}{\mu_2}\frac{\partial A}{\partial n} \tag{2.29}$$

Cette condition rend nulle l'intégrale de frontière qui apparaît dans la formulation intégrale sous sa forme faible entre les éléments et élimine donc la contribution du terme suivant dans le système global : $\frac{1}{\mu}\oint_c [F]\frac{\partial A}{\partial n}dc$

5.9. Caractérisation de la machine par CAO en régime statique

5.9.1. Solveur utilisé

Dans cette phase d'étude, nous avons opté pour l'utilisation du solveur Courant de Foucault (Eddy Current). Dans ce modèle, appelé aussi modèle magnétodynamique complexe bidimensionnel, on suppose que tous les courants (source, induit et déplacement) parcourent les conducteurs perpendiculairement au plan d'étude dans la direction (OZ). On néglige aussi bien l'effet des courants induits dirigés suivant (OX) qui se ferment dans la partie active de l'induit ainsi que l'effet de la partie frontale de l'enroulement du primaire. Par conséquent, les champs magnétiques sont continus dans le plan (*XY*) et le vecteur potentiel *A* présente une seule composante selon (*OZ*).

En imposant J_s par un générateur de courant (source de tension), on aboutit au modèle :

$$rot\left(\frac{1}{\mu}rotA_z\right)+\left(\sigma\frac{\partial A_z}{\partial t}+\varepsilon\frac{\partial^2 A_z}{\partial t^2}\right)=J_s \qquad (2.30)$$

Dans le cas linéaire toutes les grandeurs, variant dans le temps, sont sinusoïdales à la même pulsation ω_x. On peut alors écrire l'équation précédente de la façon suivante :

$$rot\left(\frac{1}{\mu}rotA_z\right)+\left(\sigma+j\omega_x\varepsilon\right)\left(j\omega_x A_z\right)=J_s \qquad (2.31)$$

5.9.2. Evaluation par CAO-2D de l'état magnétique de la machine

Lorsque le primaire de la machine considérée est alimenté par une source triphasée, l'induction magnétique se propage suivant l'axe longitudinal (*OX*) sous forme d'une onde glissante. La méthode des éléments finis 2D sera utilisée dans cette partie pour montrer l'aspect glissant du champ. En effet, si on applique une source de tension triphasée aux bornes de la machine, des courants alternatifs sensiblement équilibrés i_{x1}, i_{x2} et i_{x3} déphasés de 120° dans le temps traversent les bobines. Ces courants produisent des forces magnétomotrices qui engendrent des flux. Ce sont ces flux qui nous intéressent dans cette partie.

Analytiquement, et en observant à différents instants la valeur et le sens du courant dans chacune des bobines, on peut reconstituer la distribution du flux sur la totalité d'une période. En effet, à l'instant t_1, par exemple, la valeur instantanée du courant i_{x1} est de +282A alors que les courants i_{x2} et i_{x3} sont tous les deux de -141A. La FMM de la phase 1 vaut alors : 1692 At et celle des phases 2 et 3, 846 At chacune. A l'instant t_2, soit un sixième de période plus tard, le courant i_{x3} atteint sa valeur crête de -282A tandis que les courants i_{x1} et i_{x2} sont de + 141A chacune, figure 2.7. En déterminant la FMM, de la même façon que précédemment, on constate que la densité du champ garde la même allure, sauf qu'elle est déplacée dans l'espace. En procédant ainsi pour chacun des instants t_3, t_4, t_5 et t_6, régulièrement espacés sixième de période, on constate que le champ résultant se déplace le long du secondaire.

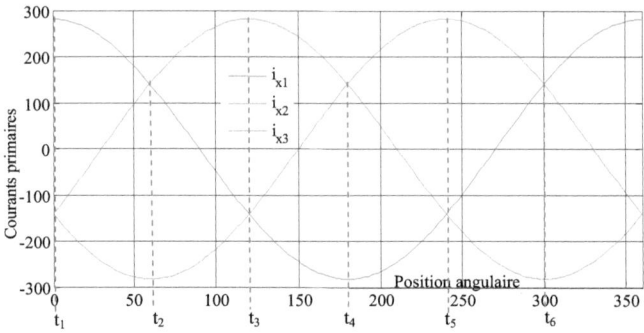

Figure 2.7 : *Courants instantanés circulant dans les enroulements de la machine*

Les figures 2.8 et 2.9 qui montrent la répartition du spectre magnétique dans la machine considérée pour les deux instants successifs t_1 et t_2 confirment par une simulation numérique que l'onde pulsée par le champ primaire est glissante.

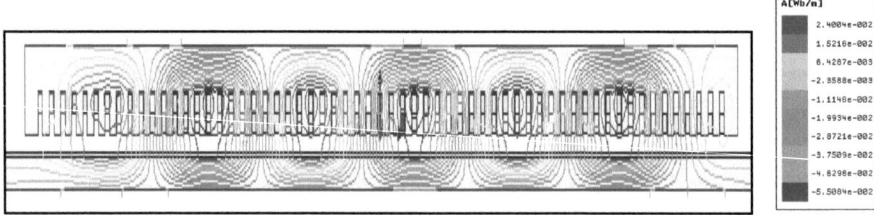

Figure 2.8 : *Distribution du flux pour l'instant t_1*

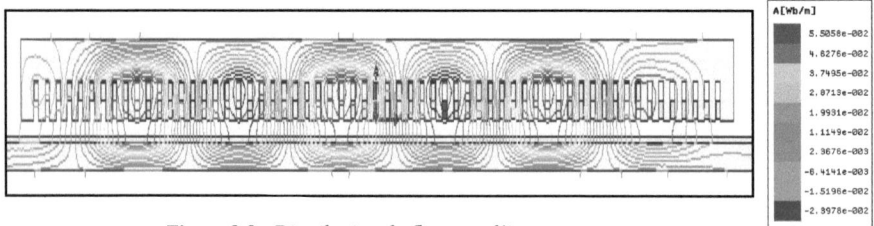

Figure 2.9 : *Distribution du flux pour l'instant t_2*

Nous donnons sur la figure 2.10, les résultats obtenus pour les deux instants considérés en ce qui concerne les lignes de flux au milieu de l'entrefer. Ces résultats sont semblables à ceux obtenus en analysant une machine rotative. Néanmoins, il ya une différence aux extrémités de la machines. Cette différence est due à la discontinuité magnétique du primaire ce qui mettre en évidence les effets d'extrémités.

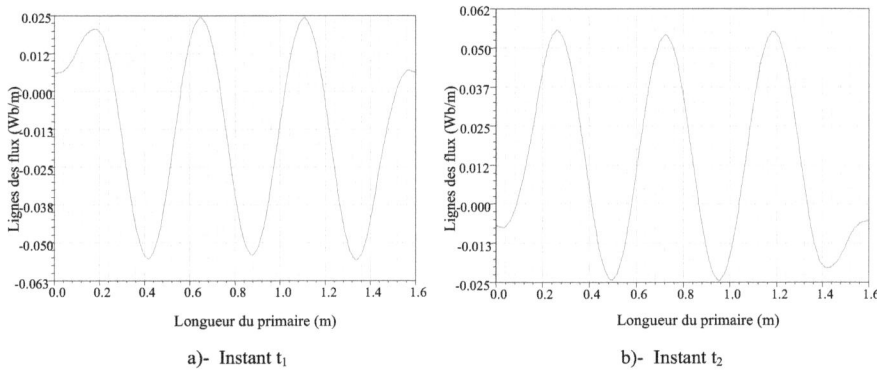

a)- Instant t_1 b)- Instant t_2

Figure 2.10 : *Variation des lignes de flux au milieu de l'entrefer*

Les figures 2.11 et 2.12 illustrent la cartographie de la distribution de l'induction magnétique dans la structure de la machine considérée pour les deux instants t_1 et t_2 précédemment choisis. En analysant ces premiers résultats, il s'avère que les dents et les culasses de la machine ne sont pas saturées, l'induction ne dépasse guère 1.6 T ce qui épargne les circuits magnétiques de la machine de la saturation qui provoque une dégradation de performances.

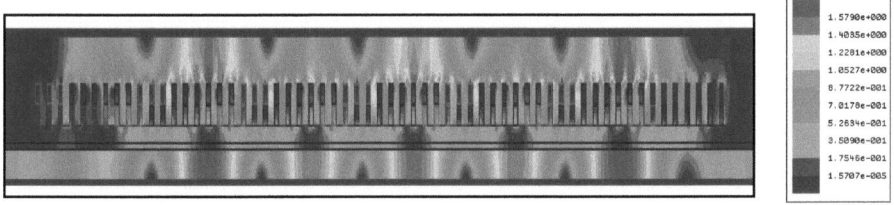

Figure 2.11 : *Distribution de la densité de l'induction magnétique pour l'instant t_1*

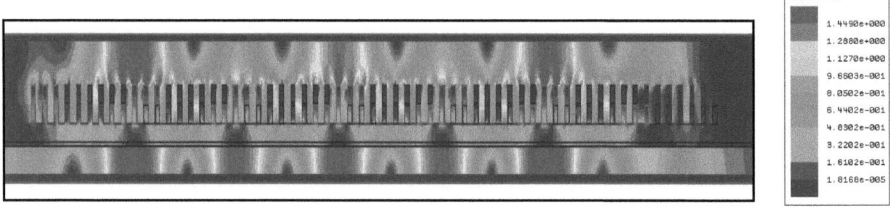

Figure 2.12 : *Distribution de la densité de l'induction magnétique pour l'instant t₂*

Afin de déterminer la répartition des composantes des champs magnétiques dans les différentes couches de la machine étudiée, particulièrement dans l'entrefer, la zone dentaire, la plaque conductrice et la plaque ferromagnétique, nous avons utilisé la MEF 2D en régime magnétodynamique complexe ce qui a conduit à déterminer la répartition des champs électromagnétiques ainsi que les caractéristiques locales et globales de la machine.

Dans ce sens, les figures 2.13 et 2.14 exposent les variations de l'induction magnétique dans les différentes zones.

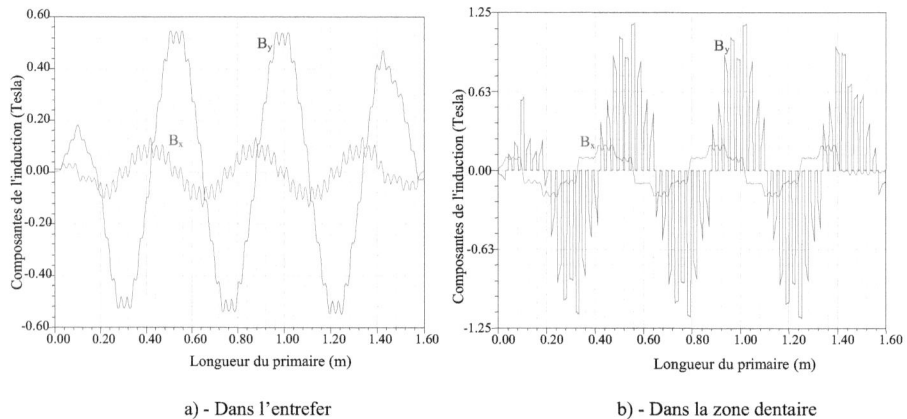

a) - Dans l'entrefer   b) - Dans la zone dentaire

Figure 2.13 : *Distribution de l'induction magnétique dans l'entrefer et dans la zone dentaire*

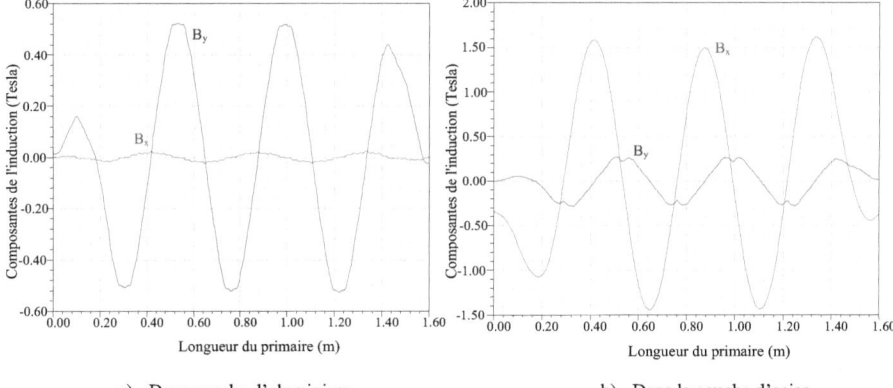

a) - Dans couche d'aluminium   b) - Dans la couche d'acier

Figure 2.14 : *Distribution de l'induction magnétique dans les couches du secondaire*

Par ailleurs, les figures 2.15 et 2.16 exposent, respectivement, les variations du champ magnétique et la densité de courant utilisées dans la méthode de couches pour déterminer l'impédance du secondaire dans circuit équivalent par phase. Ces résultats sont comparés à ceux obtenus par la MEF 2D. Il est à noter que le champ magnétique et la densité de courant sont purement sinusoïdaux alors qu'avec la MEF 2D il ya une distorsion aux niveaux de l'entrée et à la sortie de la machine. Cette variation non-uniforme est due, en premier lieu, à la longueur finie de la machine et, en second lieu, à la prise en compte des harmoniques d'espace. L'analyse du champ traitée au premier chapitre moyennant la méthode de couches a été menée, d'une part, en supposant que le primaire et le secondaire de la machine ont des longueurs longitudinales et transversales infinies. La distribution des champs dans une machine de longueurs finies est ensuite déduite en utilisant des facteurs de correction tenant compte des effets d'extrémités et de bords. D'autre part, on ne tenant compte que du premier harmonique d'espace de la force magnétomotrice du primaire.

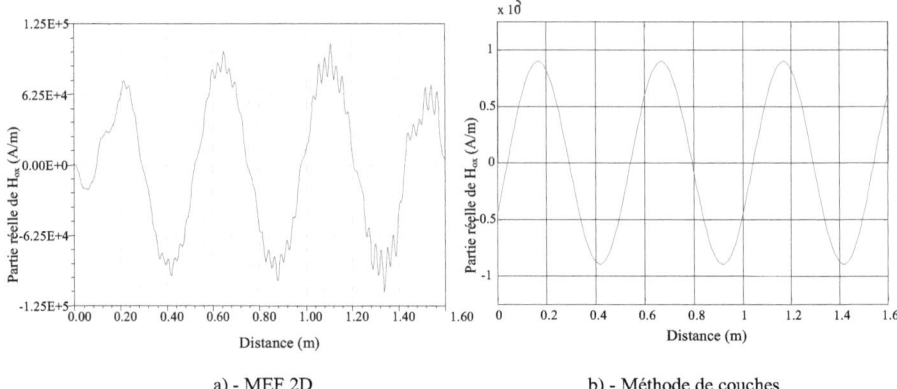

a) - MEF 2D   b) - Méthode de couches

Figure 2.15 *: Distribution du champ magnétique pour une fréquence de 50 Hz*

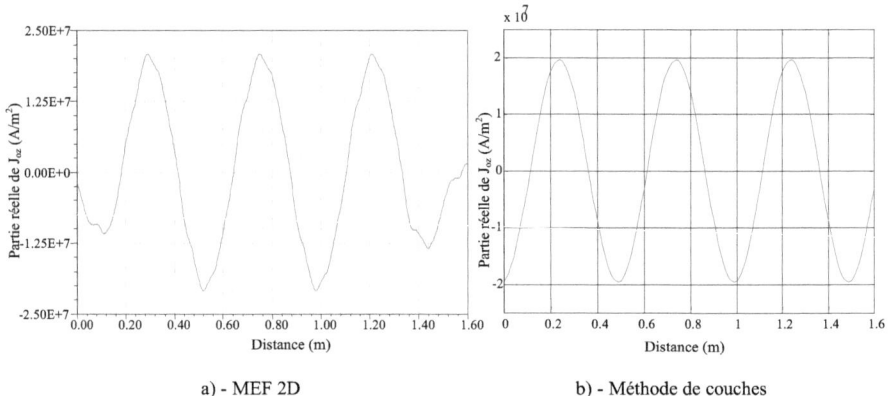

a) - MEF 2D   b) - Méthode de couches

Figure 2.16 *: Distribution de la densité du courant pour une fréquence de 50 Hz*

En régime transitoire, des effets spéciaux connexes à la nature des machines linéaires se déclenchent en rapport du mouvement de la partie mobile. Selon les conditions de fonctionnement de la machine ces effets peuvent être d'influence significative et leur quantification n'est possible que par l'étude de la machine en régime transitoire

5.10. Caractérisation de la machine par CAO-2D en régime transitoire

Les systèmes matriciels différentiels ou complexes, résultant de l'application de la méthode des éléments finis à l'analyse des champs électromagnétiques au sein d'un moteur linéaire à induction, sont traités par des méthodes numériques. Dans le cas d'un problème en évolution, la solution de (2.25) doit passer tout d'abord par une méthode de discrétisation dans le temps. La discrétisation du système différentiel en question, par la méthode d'Euler implicite par exemple, permet d'écrire :

$$\{\Delta t[K]+[C]\}[A]^{k+1} = \Delta t[F]+[C][A]^{k} \tag{2.32}$$

En tout cas, le système issu de cette discrétisation, peut être mis sous la forme :

$$[M][A]=[B] \tag{2.33}$$

où $[A]^{k+1}$ représente les vecteurs nodales du vecteur potentiel magnétique à l'instant $t + \Delta t$, tandis que $[A]^{k}$ représente les vecteurs nodales du vecteur potentiel magnétique à l'instant t.

Si le problème est linéaire, le système d'équations (2.25) peut être résolu par une méthode itérative, sinon, ce qui correspond à la prise en compte de la saturation des matériaux ferromagnétiques, $1/\mu$ devient variable et la matrice $[K]$ dépend de l'induction, donc du vecteur potentiel magnétique.

5.10.1. Détermination des efforts de poussée et normale développées par la machine

Un avantage important du moteur linéaire est de générer directement une force de poussée longitudinale sans système de transformation de mouvement. Dans la structure d'étude, le moteur est alimenté par une source triphasée alternative afin de créer un champ glissant selon la direction du mouvement (*OX*). Des courants sont induits dans le secondaire et l'interaction entre le champ crée par le primaire et celui crée par le secondaire donne naissance à une force de poussée.

Dans le modèle MEF 2D, l'effet de bords n'est pas pris en compte. Pour introduire cet effet dans le modèle de la machine, un coefficient de correction a été considéré. Ce facteur permet de faire varier la conductivité électrique du secondaire et il est évalué à partir de l'équation suivante, [59] :

$$k_{RN} = 1 - \frac{\tanh\left(\frac{\beta L_2}{2}\right)}{\left(\frac{\beta L_2}{2}\right)\left[1+\tanh\left(\frac{\beta L_2}{2}\right)\right]\tanh\left(\beta h_{ov}\right)} \tag{2.34}$$

La conductivité équivalente de la plaque conductrice σ'_{Al} est obtenue par :

$$\sigma'_{Al} = k_{RN}\sigma_{Al} \tag{2.35}$$

Ou σ_{Al} représente la conductivité électrique d'origine. Selon les caractéristiques du moteur étudié, le coefficient k_{RN} est approximativement de 0.893, et la conductivité équivalente (modifiée) du secondaire est $\sigma'_{Al} = 3.34x10^7 s / m$ pour une conductivité électrique d'origine $\sigma_{Al} = 3.74x10^7 s / m$, [59].

Pour déterminer la caractéristique mécanique d'un MLSI, on a envisagé l'utilisation de la méthode de Lorentz. Dans l'hypothèse 2D, pour déduire les principales performances globales, à partir d'une analyse par éléments finis du champ électromagnétique, on exploite les expressions de la poussée et de la force normale qui sont données par les relations suivantes [110] :

$$F_x = L_1 \iint_s J_c B_{ox} ds \qquad (2.36)$$

$$F_y = L_1 \iint_s J_c B_{oy} ds \qquad (2.37)$$

5.10.2. Résultats de simulation et discussion

Sur les figures 2.17 et 2.18, on a représenté l'évolution de la vitesse et de la force de poussée au démarrage d'un moteur linéaire à induction à vide. Des oscillations de la force apparaissent et peuvent atteindre trois fois la force nominale.

Par ailleurs, la figure 2.19 illustre la caractéristique mécanique du couple en fonction de la vitesse de rotation pendant le démarrage à vide.

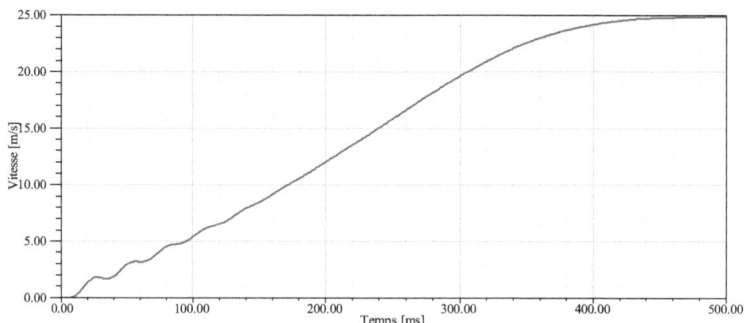

Figure 2.17 *: Evolution de la vitesse pour un démarrage à vide*

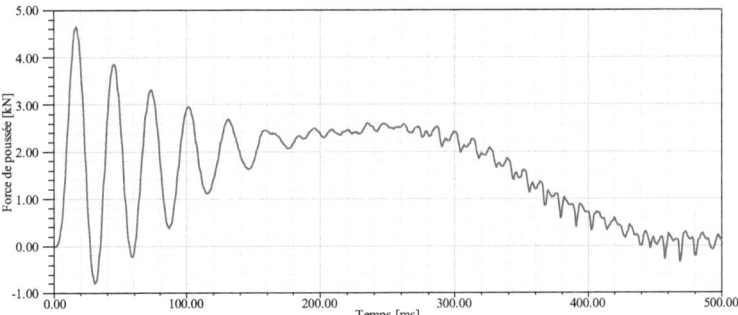

Figure 2.18 : *Evolution de la force de poussée pour un démarrage à vide*

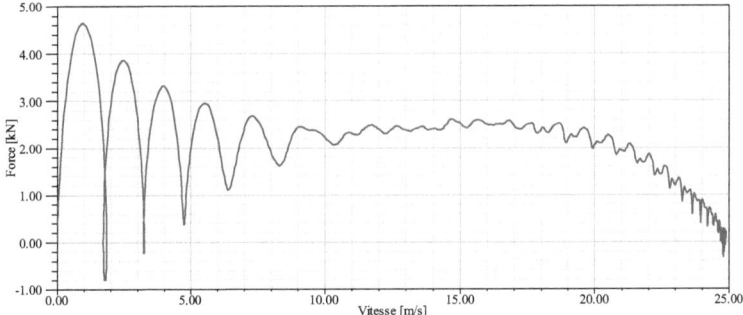

Figure 2.19 : *Caractéristique de la force en fonction de la vitesse pour un démarrage à vide*

Les résultats des figures 2.20 (a), 2.20 (b), 2.21 (a) et 2.21 (b) illustrent la poussée et la force normale calculées en fonction du temps lorsque le MLSI se déplace à des vitesses constantes 20 et 10 m/s. On constate que ces résultats atteignent l'état d'équilibre après une période transitoire environ 5 cycles. Même à cet état, ces courbes montrent la présence d'ondulations dues aux effets d'extrémités et de bords.

Les résultats reportés sur les figures 2.20 (c), 2.20 (d), 2.21 (c) et 2.21 (d) correspondent à une comparaison, du point de vue des flux et des courants primaires, entre deux glissements différents. On note une dissymétrie entre les flux dans les enroulements primaires. Ceci est expliqué par les positions différentes des phases par rapport au centre du dispositif. Cet effet s'accentue avec l'augmentation de la vitesse linéaire du moteur.

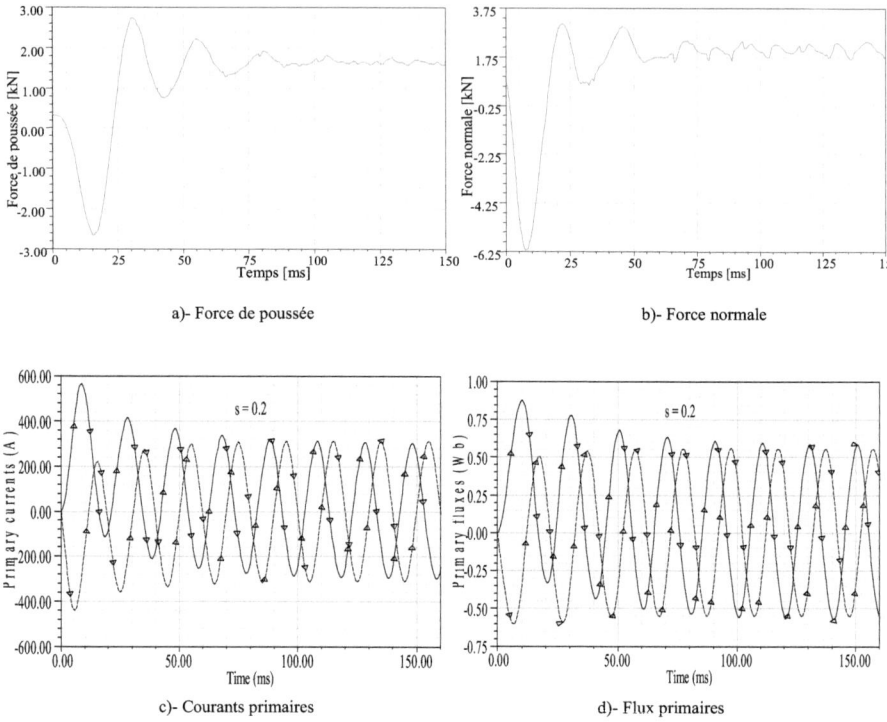

a)- Force de poussée

b)- Force normale

c)- Courants primaires

d)- Flux primaires

Figure 2.20 *: Courbes de poussée et de force normale et établissements du courant et du flux*
(phases : 1 et 2) lors de la remise sous tension pour un glissement de 0.2

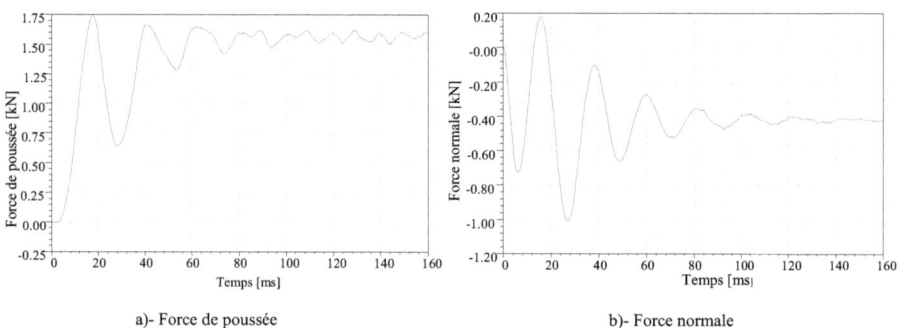

a)- Force de poussée

b)- Force normale

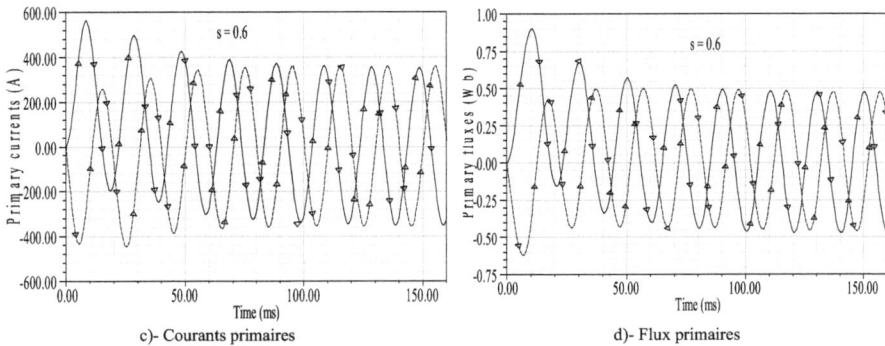

c)- Courants primaires   d)- Flux primaires

Figure 2.21 : *Courbes de poussée et de force normale et établissements du courant et du flux (phases : 1 et 2) lors de la remise sous tension pour un glissement de 0.6*

Pour déterminer la caractéristique mécanique dans toute la plage de fonctionnement de la machine linéaire considérée, on a varié le glissement de 0 à 1 par pas de 0.05. Sur les figures 2.22 et 2.23 sont représentées les forces respectivement de poussée et normale développées par la machine pour deux fréquences d'alimentation 25 Hz et 50 Hz. En utilisant la MEF 2D, la force de poussée est différente de zéro même à glissement nul. Cette force traduit la présence des effets d'extrémités et de bords lors de fonctionnement de la machine linéaire à induction.

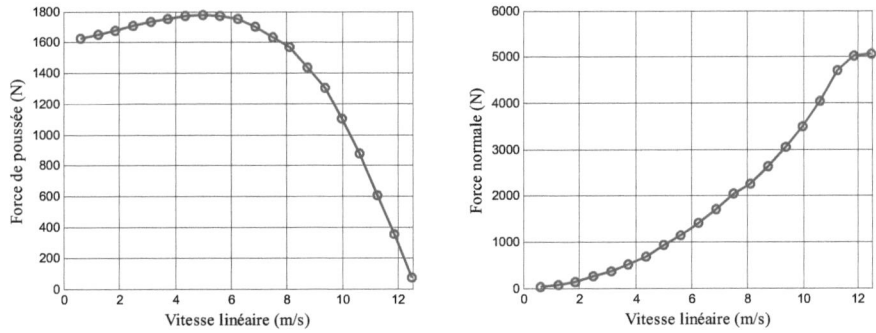

Figure 2.22 : *Résultats obtenus par la MEF 2D pour une fréquence f_x=25Hz*

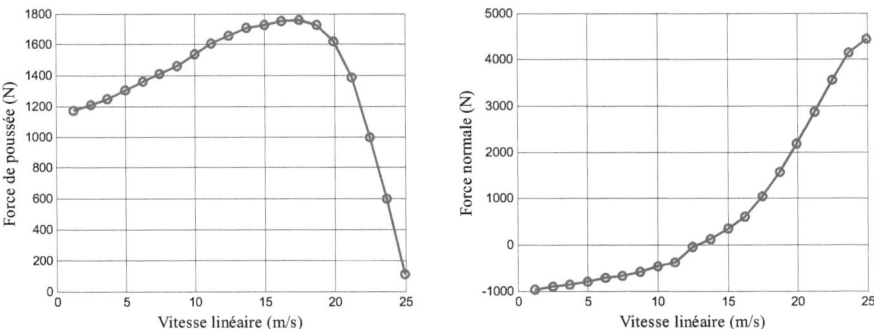

Figure 2.23 : *Résultats obtenus par la MEF 2D pour une alimentation sous tension nominale à f_x=50Hz*

Il est distinguable que l'allure de la force de poussée est identique à l'allure du couple développé par une machine à induction rotative. En effet, la machine linéaire démarre avec un couple faible qui atteint son maximum pour un glissement critique voisinant la zone utile de fonctionnement.

Tout de même, on remarque que pour ce type de machine linéaire à simple inducteur, la valeur de la force normale qui dépasse la poussée de répulsion quelque soit la fréquence d'alimentation. Selon l'application, cette force peut être utile (force de lévitation) ou nuisible ce qui fait penser, parfois, à la structure double inducteur ou même la structure tubulaire.

6. Modélisation en 3D de la machine linéaire à induction

Certes, la MEF 2D permet de prendre en compte l'effet d'extrémités. Toutefois, et pour affiner davantage le modèle du MLSI, il faut aussi considérer l'effet de bords et des fuites du flux aux niveaux des extrémités ce qui nécessite l'élaboration d'une étude tridimensionnelle et faire recourt en conséquence à la MEF 3D.

En 3D, les éléments tétraédriques s'adaptent à toute configuration géométrique et permettent la discrétisation d'un domaine de résolution à trois dimensions. Dans de tel cas, la fonction d'interpolation du vecteur potentiel magnétique prend la forme suivante :

$$A(x, y, z) = \alpha_1 + \alpha_2 x + \alpha_3 y + \alpha_4 z \qquad (2.38)$$

Où α_1, α_2, α_3 et α_4 se sont des constantes. Une fois les vecteurs nodales de A sont calculées, le vecteur potentiel magnétique au point de coordonnés (x, y) de la section est déterminé par une forme adéquate d'interpolation. Il résulte que pour exprimer et calculer l'induction dans un élément, on utilise la formule (2.9), qu'on peut la mettre sous la forme suivante :

$$\vec{B} = \sum_{i=1}^{3} grad \left[F_i(x,y) \right] \wedge \vec{A}_i \tag{2.39}$$

Cette formulation permet la modélisation en 3D de la machine linéaire à induction aussi bien en régime statique qu'en régime transitoire.

6.1. Etude par MEF 3D de la machine en régime statique

6.1.1. Solveur utilisé

Pour ce régime statique de fonctionnement, on cherche à mettre en évidence les effets spécifiques du moteur linéaire, particulièrement les efforts transversal et longitudinal. La saisie de la structure considérée en 3D est illustrée par la figure 2.24.

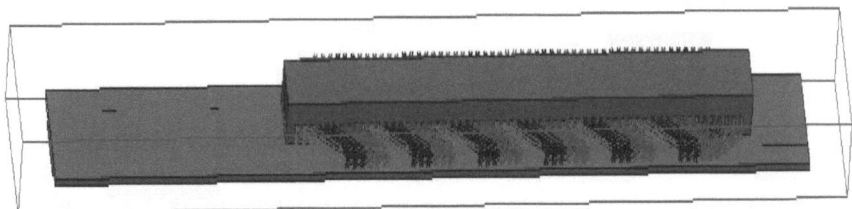

Figure 2.24 : *Topologie considérée (3D)*

En utilisant le même solveur adopté pour la modélisation en 2D (Courant de Foucault).En effet, ce modèle (appelé magnétodynamique complexe) s'applique aux dispositifs électrotechniques dans lesquels les sources de courants ou de tension varient en fonction du temps. Les termes ($\partial B / \partial t$) et ($\partial D / \partial t$) ne sont pas nuls ; les champs électrique et magnétique sont alors couplés par la présence des courants induits.

En régime magnétodynamique complexe, pour représenter l'état magnétique en un point de la machine, on doit recourir simultanément à la détermination du potentiel vecteur magnétique $\vec{A}$ et du potentiel scalaire électrique φ à partir de l'équation de champ suivante :

$$rot\left(\frac{1}{\mu} rot \vec{A} \right) = -\left(\sigma + \frac{\partial \varepsilon}{\partial t} \right)\left(grad\,\varphi + \frac{\partial A}{\partial t} \right) \tag{2.40}$$

La relation (2.40) constitue alors la première équation du système à résoudre. En imposant le courant total I_t dans le conducteur, on déduit alors la deuxième équation ; donnée par :

$$I_t = \iint_s J_t ds = \iint_s \left[-\left(\sigma + \frac{\partial \varepsilon}{\partial t} \right) \left(grad\varphi + \frac{\partial A}{\partial t} \right) \right] ds \qquad (2.41)$$

Notons que la résolution du système (2.39) - (2.40), dans le domaine tridimensionnel, nécessite de calculer en tout point les quatre grandeurs : A_x, A_y, A_z et φ. Le modèle adopté dans cette étude est celui exprimé en A.

Dans ce cadre, la figure 2.25 (a) montre le maillage global de la machine étudiée par la MEF 3D. Au niveau de la partie active du secondaire, nous avons œuvré pour que le maillage soit plus fin, figure 2.25 (b). Il est donc plus dense dans les zones où la densité du flux est importante, alors qu'il est faible ailleurs, ce qui nous permet de minimiser le temps de calcul.

a)- Maillage global du LIM

b)- Maillage de la partie active du secondaire

Figure 2.25 : *Illustration du maillage en 3 D de la machine considérée*

6.1.2. Caractérisation en 3D de l'état magnétique de la machine linéaire à induction

Dans le modèle tridimensionnel, la prise en compte de la variation sur les trois axes de l'induction et des courants induits est prometteuse car c'est la configuration qui nécessite les hypothèses les moins restrictives. C'est dans ce cadre que nous envisageons dans ce qui suit de développer une étude tridimensionnelle pour évaluer la portée de cette approche d'analyse. Pour cet objectif, nous avons opté pour l'utilisation du modèle magnétodynamique complexe qui permet de calculer les champs électromagnétiques dans la machine linéaire à induction en régime harmonique lorsqu'elle est alimentée par une source de courant. Dans ce sens, nous avons appliqué les mêmes conditions du modèle EF 2D et nous avons scruté l'état magnétique de la machine dans deux instants successifs (t_1 et t_2). Les figures 2.26 (a) et 2.26 (b) montrent respectivement la distribution du flux et la répartition de l'induction dans le primaire pour les deux instants choisis précédemment.

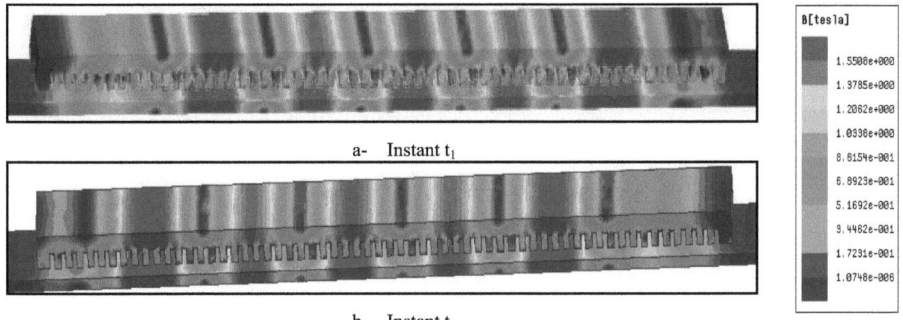

a- Instant t_1

b- Instant t_2

Figure 2.26 : *Distribution de la densité de l'induction magnétique*

Par ailleurs, la figure 2.27 expose la densité du champ magnétique dans le secondaire. Une première partie de cette densité du champ se referme à l'intérieur de la partie active et une seconde partie se boucle dans la partie latérale. Le long de parcourt la valeur maximale de ce champ ne dépasse guère 4.2 e^5 A/m.

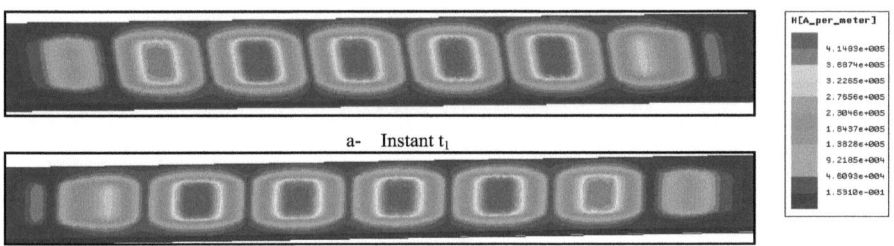

a- Instant t_1

b- Instant t_2

Figure 2.27: *Distribution de la densité du champ magnétique dans la zone active*

Dans la suite nous avons cherché à déterminer la répartition de l'induction magnétique au sein d'un MLSI par le MEF 3D. Dans ce sens, sur les figures 2.28 et 2.29 sont montrées les évolutions de l'induction développées dans l'entrefer, dans la zone dentaire, dans la couche conductrice d'aluminium et dans la couche d'acier. Ces variations sont obtenues dans les mêmes conditions utilisées dans le modèle EF 2D. Les courbes obtenues par les modèles 2D et 3D sont comparables.

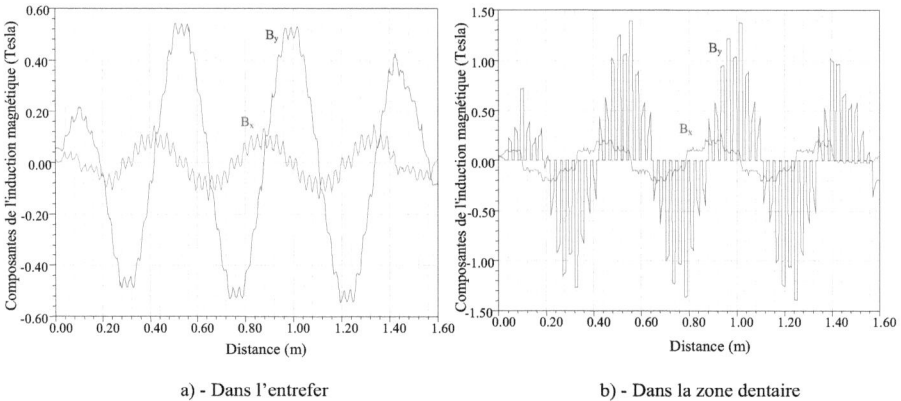

a) - Dans l'entrefer   b) - Dans la zone dentaire

Figure 2.28 : *Variation de l'induction magnétique dans l'entrefer et dans la zone dentaire*

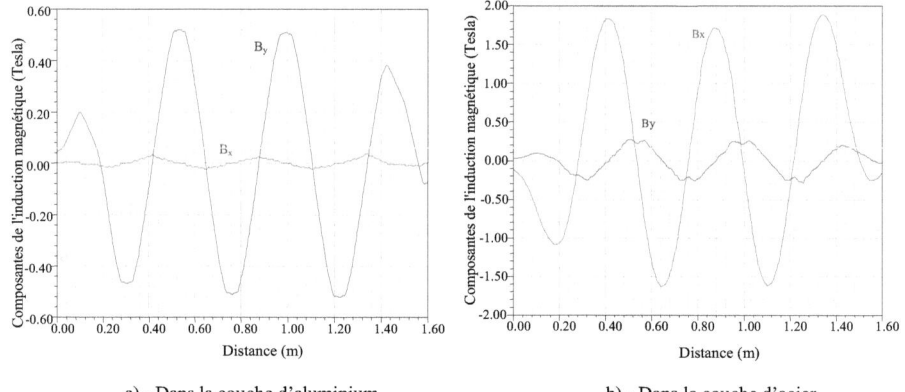

a) - Dans la couche d'aluminium   b) - Dans la couche d'acier

Figure 2.29 : *Variation de l'induction magnétique dans les couches du secondaire*

Les figures 2.30 et 2.31 exposent la distribution des champs obtenus par la MEF 3D et par la méthode de couches. La différence entre ces résultats est due principalement aux hypothèses simplificatrices mentionnées précédemment. Néanmoins, en 3D, la distorsion est plus accentuée. Ceci s'explique par la présence de l'effet de bords et de l'effet des têtes de bobines.

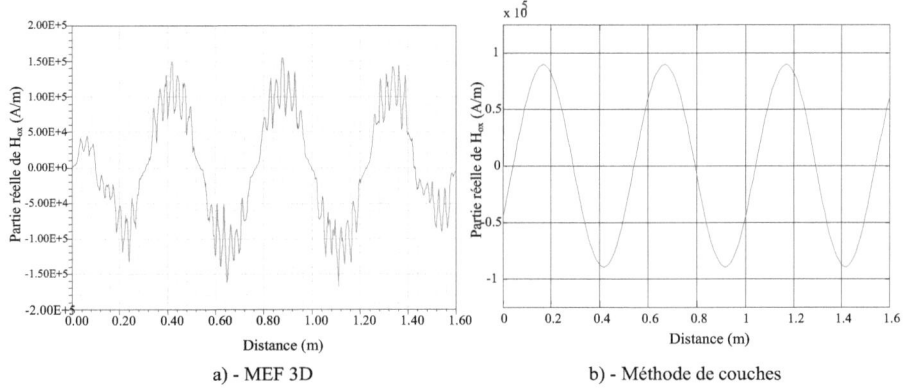

a) - MEF 3D   b) - Méthode de couches

Figure 2.30 : *Variation du champ magnétique pour une fréquence de 50 Hz*

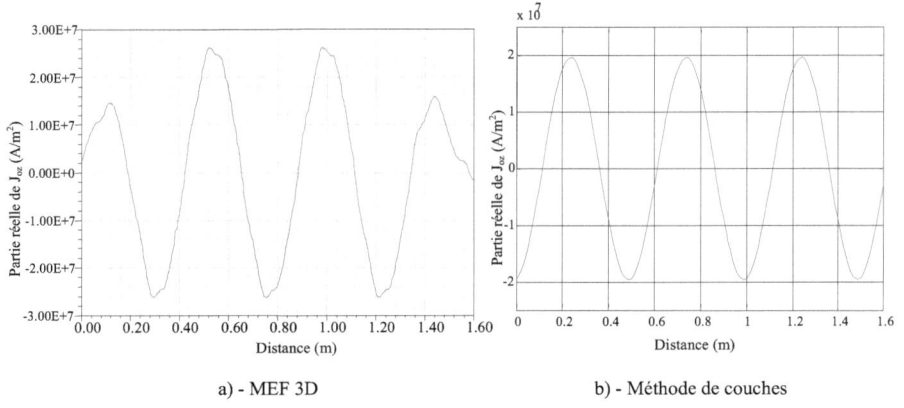

a) - MEF 3D   b) - Méthode de couches

Figure 2.31 : *Variation de la densité du courant pour une fréquence de 50 Hz*

6.1.3. Mise en évidence des effets d'extrémités et de bords

Dans cette partie d'étude les effets d'extrémités et de bords sont pris en compte. Le flux crée par le primaire traverse l'entrefer et crée un champ glissant. L'onde d'induction engendre dans l'induit une onde glissante de force électromotrice qui change de signe sur un pas polaire, provoquant ainsi la fermeture des courants correspondants. La figure 2.32 montre la distribution du courant induit dans le secondaire (plaque conductrice en aluminium) pour une alimentation par courant nominal et une fréquence d'alimentation de 50Hz. Les courants induits forment des cercles dans la partie active et se rebouclent dans la partie latérale. Une partie de ces courants se referme à l'intérieur de la partie active. Cette distribution des courants induits renferme deux composantes, l'une réelle et l'autre imaginaire. La valeur maximale de la densité de ce courant est environ $2.62 \ e^7 \ A/m^2$.

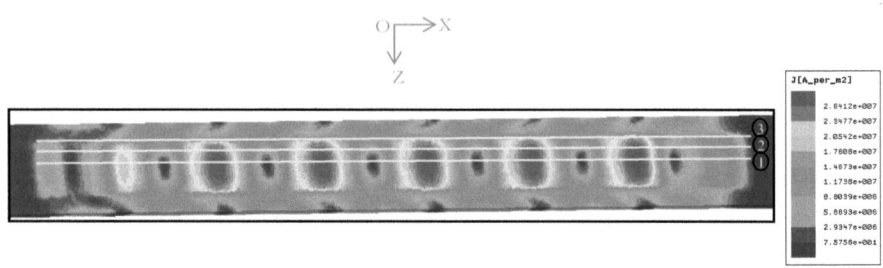

Figure 2.32 : *Distribution de la densité du courant dans la plaque conductrice pour 50 Hz*

Pour mettre en évidence l'influence des effets de bords, trois positions différentes du secondaire selon la direction (*OZ*) sont choisies afin d'observer la distribution non-uniforme des courants induits. La figure 2.33 présente la distribution des courants induits dans la couche conductrice pour les trois positions, repérées sur la figure 2.32 précédente. La différence entre les trois courbes est due à l'effet de largeur finie accessible seulement grâce aux outils EF 3D.

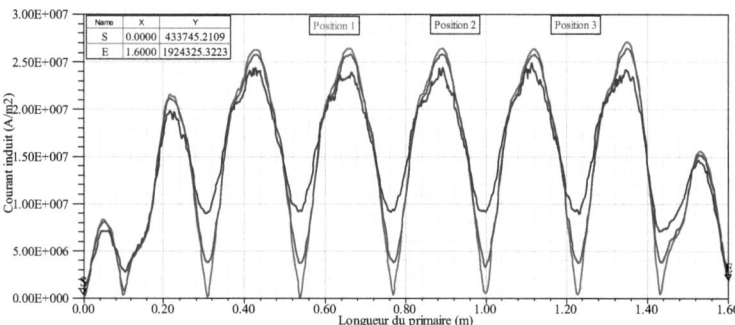

Figure 2.33 : *Variation en (A/m²) de la densité des courants induits dans le secondaire pour 50 Hz*

La non-uniformité du courant à l'entrée et à la sortie de la machine est due à l'effet d'extrémités. En effet, à l'entrée de la machine la densité du courant induit est de $1.92 \ e^6 \ A/m^2$ alors qu'elle est de l'ordre de $0.434 \ e^6 \ A/m^2$ à sa sortie.

Contrairement à la machine rotative où l'amplitude du courant induit possède une distribution uniforme, la distribution du courant induit dans la couche conductrice du secondaire d'un

MLSI n'est pas uniforme. La densité du courant à l'entrée de la machine est plus importante qu'à sa sortie.

6.2. Etude par CAO 3D de la machine en régime transitoire

Les équations de Maxwell appropriées pour les applications aux régimes transitoires à fréquences basses s'écrivent sous la forme suivante :

$$rot\vec{H} = \sigma\vec{E}$$
$$rot\vec{E} = -\frac{\partial\vec{B}}{\partial t} \qquad\qquad (2.42)$$
$$div\vec{B} = 0$$

Ces équations conduisent à la relation suivante :

$$rot\left(\frac{1}{\sigma}rot\vec{H}\right) + \frac{\partial\vec{B}}{\partial t} = \vec{0} \qquad\qquad (2.43)$$

En régime transitoire, la résolution est faite en pas à pas en posant :

$$\left\{\frac{\partial A}{\partial t}\right\} = \frac{\{A_{t+\Delta t}\} - \{A_t\}}{\Delta t} \qquad\qquad (2.44)$$

Δt est le pas de temps qui doit être choisi suffisamment petit pour obtenir une simulation aboutissant à des résultats suffisamment précis.

6.2.1. Résultats de simulation

Le processus de résolution pour les applications transitoires 3D pose plusieurs problèmes qui n'interviennent pas pour les autres régimes de fonctionnement. Particulièrement, le comportement des champs est plus complexe que pour un fonctionnement en régime statique. En outre, ce type de solveur exige une structure de maillage très fine afin de contourner le mieux possible l'état magnétique réelle de la machine. La distribution du champ magnétique à l'intérieur du moteur linéaire a typiquement un certain nombre d'harmoniques spatiaux, qui nécessite habituellement un pas de temps de calcul souvent beaucoup plus moins que la constante de temps magnétique de diffusion. Ces constantes de temps dépendent de la géométrie des objets et également des propriétés physiques des matériaux. C'est pour cette raison que nous avons choisi un pas de 0.1 ms et nous avons adopté un maillage très fin au niveau de la bande de mouvement, figure 2.34. Cette structure de maillage limite l'influence de la modification du maillage provoquée par le changement de la position du secondaire. La densité de maillage est choisie de façon à avoir une solution acceptable dans un temps de calcul relativement réduit. Le maillage de cette bande comporte 5000 éléments.

Figure 2.34 : Maillage de la bande de mouvement

Les réponses suivantes sont obtenues dans les mêmes conditions que la modélisation en 2D. En effet, sur la figure 2.35 est consignée l'allure de la vitesse mécanique de translation.

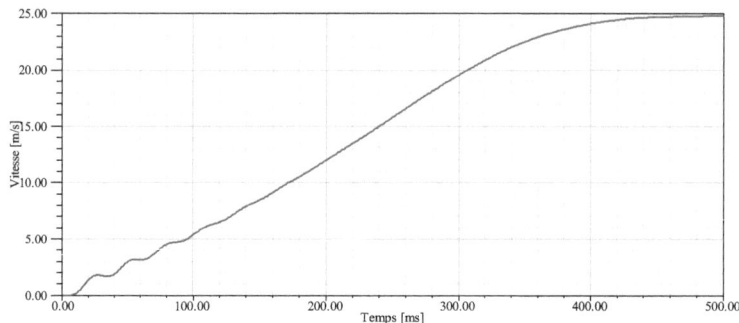

Figure 2.35 : Evolution de la vitesse

A vide, la vitesse de la machine atteint, en régime permanent, une translation de 24.9 m/s. Cette vitesse est légèrement inférieure à celle de synchronisme (25 m/s) ce qui met en évidence les effets d'extrémités et de bords dans une machine linéaire à induction. Ces effets se manifestent par la création d'une force antagoniste qui s'oppose au mouvement même pour un fonctionnement à vide.

La figure 2.36 montre l'évolution de la force de propulsion développée par la machine linéaire. La poussée maximale est environ de 4.8 kN. Bien que la machine soit à vide, en régime permanent, la force de poussée oscille autour de 150 N. Cette oscillation met en relief la présence des effets spéciaux dans le moteur linéaire à induction.

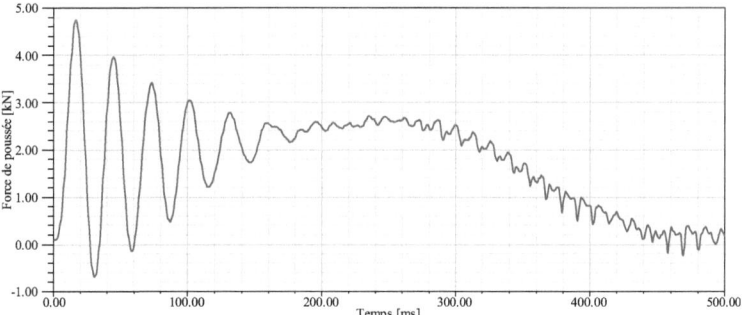

Figure 2.36: *Evolution de la force de poussée*

Par ailleurs, La figure 2.37 montre la caractéristique mécanique de la machine qui lie la force développée à la vitesse de translation.

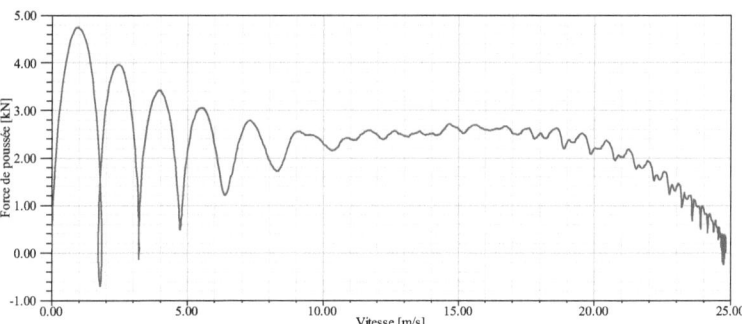

Figure 2.37 : *Caractéristique force vitesse*

6.2.2. Calcul de la poussée et de la force normale

Dans ce paragraphe on envisage dégager les principales caractéristiques du moteur linéaire à induction, à partir d'une analyse de champs électromagnétiques tout en exploitant la méthode des éléments finis en 3D. D'une façon générale, deux différentes méthodes peuvent être suivies pour calculer les forces appliquées sur un objet entouré d'air : le tenseur de Maxwell et l'approche de Lorentz, [85, 111, 112, 113]. L'utilisation du tenseur de Maxwell permet d'exprimer la force normale F_y et la force de propulsion F_x, appliquée au primaire (secondaire) du MLSI de la façon suivante :

$$F_x = \frac{L_l}{2\mu_0} \oint \left\{ \left(B_{ox}{}^2 - B_{oy}{}^2 \right) n_x + 2 B_{ox} B_{oy} n_y \right\} dl \tag{2.46}$$

$$F_y = \frac{L_l}{2\mu_0} \oint \left\{ \left(B_{oy}{}^2 - B_{ox}{}^2 \right) n_y + 2 B_{ox} B_{oy} n_x \right\} dl \tag{2.45}$$

Tels que n_x et n_y sont des composantes du vecteur unitaire.

Par ailleurs, l'application de la formule de Lorentz sous sa forme générale exprime la force appliquée au secondaire (primaire) conformément à la formulation suivante :

$$\vec{F} = D \iint_S \vec{J_c} \wedge \vec{B} \, ds \tag{2.45}$$

Où $\vec{J_c}$ est la densité des courants de conduction qui circulent dans un élément de surface *ds* et *S* est la surface longitudinale du primaire.

A cause de la discontinuité du champ magnétique tangentiel à la frontière fer/air, Cette approche aboutit à des résultats plus précis que ceux offerts par l'application du tenseur de Maxwell, [113].

Dans ce sens, les résultats consignés dans les figures 2.38 et 2.39 présentent les évolutions de la force de poussée et la force normale pour deux glissements différents.

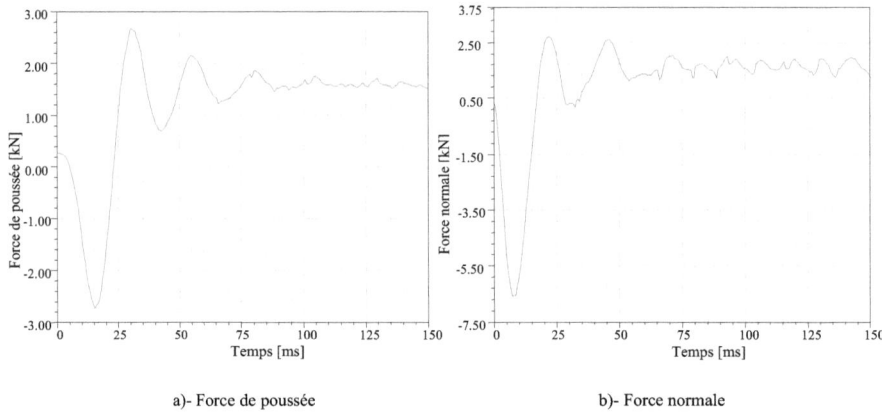

a)- Force de poussée

b)- Force normale

Figure 2.38 : *Evolutions des forces de poussée et normale développées par le MLSI pour s = 0.2*

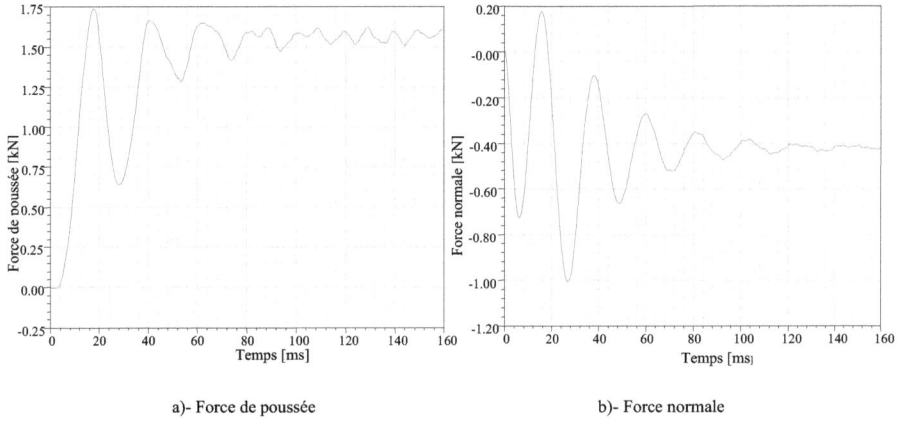

a)- Force de poussée   b)- Force normale

***Figure 2.39** : Evolutions des forces de poussée et normale développées par le MLSI pour s = 0.6*

En faisant varier le glissement de 0 à 1 avec un pas de 0.05, on obtient le comportement de la machine sur toute la plage de vitesse. Les résultats des figures 2.40 et 2.41 sont obtenus pour deux fréquences d'alimentation différentes tout en gardant un rapport $\frac{v}{f}$ constant.

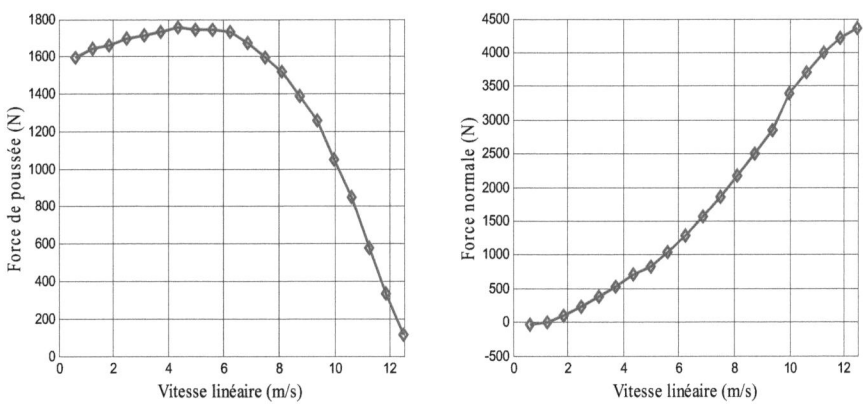

***Figure 2.40** : Résultats obtenus par la MEF 3D pour une fréquence d'alimentation f_x=25Hz*

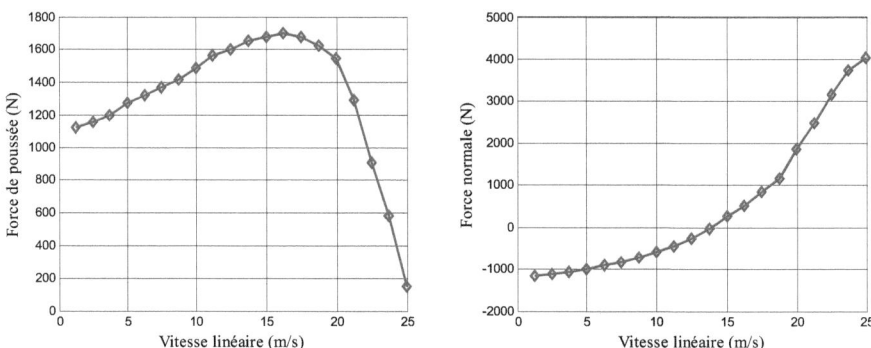

Figure 2.41 : *Résultats obtenus par la MEF 3D pour une alimentation sous tension nominale à f_x=50Hz*

7. Comparaison et discussion générale

Au cours de cette partie d'étude, nous avons voulu déterminer les apports d'une modélisation tridimensionnelle en regard des modèles bidimensionnels développés précédemment. Dans ce sens, nous avons regroupé sur les figures 2.42 et 2.43 les résultats obtenus par la méthode des éléments finis (2D et 3D) ainsi que ceux obtenus par la méthode de couches (développée au cours du premier chapitre).

Pour une fréquence d'alimentation de 50 Hz, on constate une divergence entre les résultats obtenus par les MEFs et ceux obtenus par la méthode de couches. Ce phénomène est dû, d'une part, à la présence des effets tridimensionnels non accessibles par les méthodes numériques et d'autre part aux hypothèses simplificatrices sur lesquelles sont basées ces méthodes. Néanmoins, ces résultats deviennent proches pour une alimentation de 25 Hz.

Pour un glissement nul, les forces de poussée obtenues par les MEFs oscillent autour d'une valeur différente de zéro. Il est à noter que cette oscillation est obtenue grâce aux MEFs uniquement.

Nous avons pu montrer aussi qu'avec la MEF 3D la valeur obtenue de la force de poussée maximale est plus faible, donc les effets et les perturbations dues à la longueur et à la largeur finies du primaire sont plus accentués par la prise en compte des trois dimensions. Néanmoins, une telle comparaison est rendue délicate par le faite que la prise en compte des trois dimensions nécessite un temps de calcul assez important.

En ce qui concerne les forces normales, on constate que les résultats obtenus par les différentes méthodes sont voisines pour des faibles vitesses. Néanmoins, on remarque une distorsion entre ces résultats au voisinage de la vitesse de synchronisme.

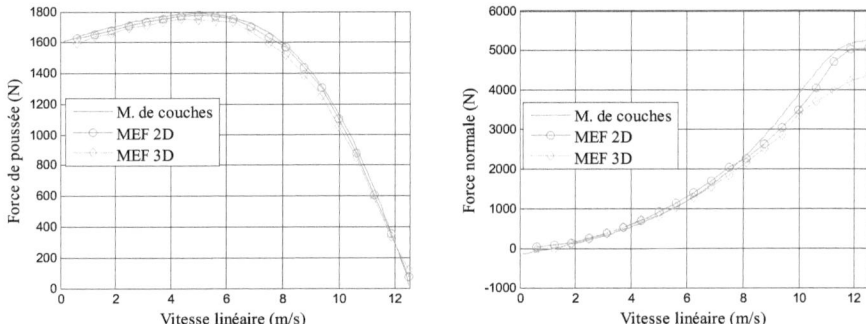

Figure 2.42 : *Comparaison des résultats obtenus par différentes méthodes pour une fréquence d'alimentation $f_x=25Hz$*

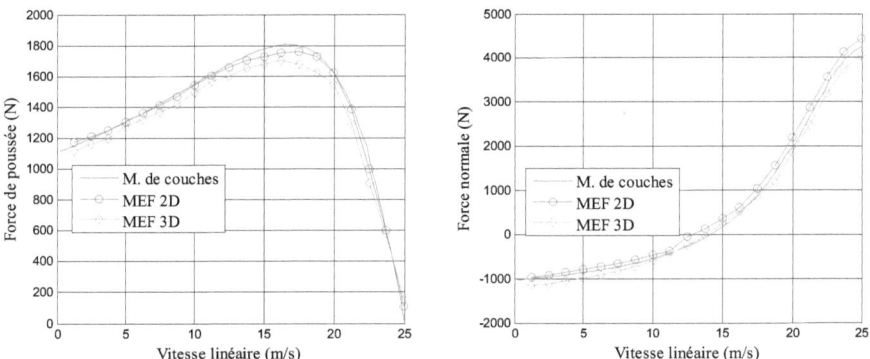

Figure 2.43 : *Comparaison des résultats obtenus par différentes méthodes pour une alimentation nominale et une fréquence $f_x=50Hz$*

8. Conclusion

Dans la première partie de ce chapitre, on a développé un modèle éléments finis (2D) de la machine linéaire à induction. Les résultats obtenus montrent que cette méthode est suffisamment efficace. Néanmoins, la MEF 2D présente l'inconvénient majeur de ne pas permettre de prendre en compte les effets de largeur finie. Nous avons introduits ces effets moyennant un coefficient permettant la correction de la conductivité du secondaire. Pour mieux améliorer la précision de modélisation de ce type d'actionneur et aboutir à un modèle adéquat capable de prendre en considération aussi bien les effets d'extrémités que ceux inhérents aux bords, nous avons développé en deuxième partie un modèle éléments finis 3D. Ce modèle s'est avéré suffisamment puisant pour représenter les comportements statique et dynamique de la machine.

A la suite des divers résultats obtenus, nous remarquons que la méthode que nous venons d'exposer (méthode éléments finis 3D) pour analyser les perturbations due à la géométrie de la machine linéaire à induction est satisfaisante. Cette approche de modélisation nous mènera à définir, dans le prochain chapitre, un nouveau facteur modélisant les effets d'extrémités et de bords pour la correction du modèle analytique (modèle de Duncan) utilisé pour la commande vectorielle.

Chapitre 3

Développement d'approches de commande avec considération des effets d'extrémités et de bords pour le pilotage des machines linéaires à induction

1. Introduction

La force de poussée produite par les machines linéaires à induction résulte de l'interaction de plusieurs grandeurs couplées et influencées par des effets spéciaux qui apparaissent au cours du mouvement. Par conséquent, les stratégies de contrôle de ces machines nécessitent l'élaboration d'algorithmes dont la complexité est d'autant plus considérable que les performances requises sont exigeantes.

C'est dans cette optique que les développements de ce troisième chapitre sont menés. Ils débutent par la détermination, moyennant la MEF 3D, d'un facteur caractérisant les effets d'extrémités et de bords qui sera ensuite utilisé dans le développement d'une commande vectorielle par orientation du flux secondaire.

Pour remédier à l'influence des variations paramétriques sur les performances de la machine en fonctionnement à vitesse et charge variables, une seconde approche de commande est aussi élaborée en deuxième partie de ce chapitre. Cette seconde approche de commande est aussi de type vectoriel mais à flux primaire orienté.

Pour améliorer davantage les performances des chaînes d'entraînement à vitesse variable des machines linéaires à induction, le présent chapitre est enfin clôturé par le développement d'une stratégie de Commande Directe en Force (CDF) à l'instar de la commande DTC dans les machines asynchrones rotatives.

2. Caractérisation des effets d'extrémités et de bords par MEF 3D

2.1. Idée de base

Comme illustré par la figure 3.1, les différentes approches analytiques et numériques que nous avons utilisées pour la modélisation des machines linéaires à induction composent autant de compromis optimaux entre l'erreur de modélisation (axe horizontal) et le temps de calcul (axe vertical). Les modèles numériques par MEF se situent alors en haut à gauche, et les modèles analytiques en bas à droite ce qui met en exergue l'existence d'une complémentarité entre les aspects des modèles et prouve qu'aucun ne s'impose comme étant à la fois plus rapide et plus précis que les autres.

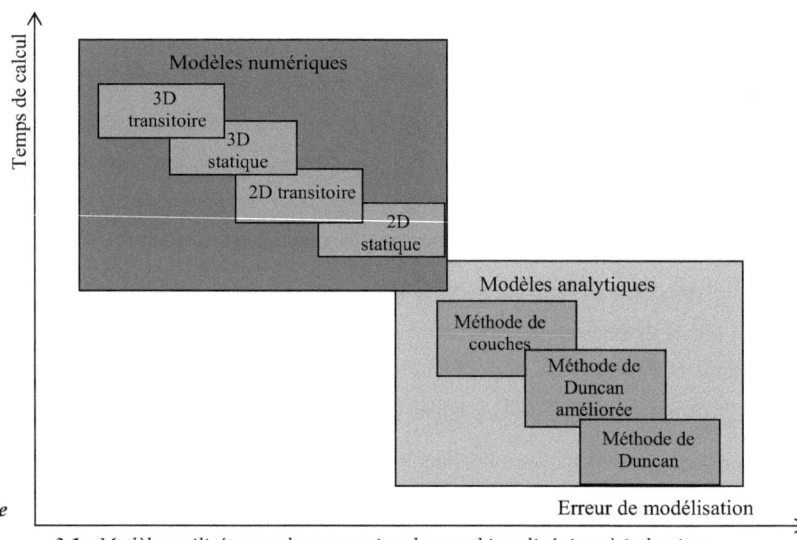

Figure **3.1** : *Modèles utilisés pour la conception des machines linéaires à induction*

Choisit-on une méthode analytique ou une méthode numérique pour architecturer une commande en vue de piloter une machine linéaire à induction avec performances et précision satisfaisantes? On est en face d'un dilemme : gagner en termes de temps de calcul ou bien améliorer la précision des résultats. Diverses méthodes permettent d'obtenir des modèles de la machine linéaire à induction qui soient mathématiquement exploitables dans une architecture de commande. Toutefois, la réalisation pratique de la commande réduit les possibilités de ces types de modèles. A ce jour, les calculateurs utilisés dans les cartes de commande, malgré les intenses progrès observés dans ce domaine, ne permettent pas encore de mettre en œuvre, en temps réel, les modèles numériques issus de calcul itératif par éléments finis.

L'idée de base sur laquelle est fondée la contribution à la commande proposée dans ce chapitre consiste à profiter aussi bien de la précision des modèles numériques que de l'implantation matérielle relativement aisée des modèles analytiques. Cette contribution consiste à exploiter les techniques de modélisation par MEF développées dans le chapitre précédent pour déterminer un facteur caractérisant les effets d'extrémités et de bords qui se manifestent au cours du fonctionnement de la machine. En régime d'entraînement à charge et vitesse variables, ce facteur est développé sous forme d'une base de données structurée autour de surfaces de réponse. Cette base de données de quantification des effets spéciaux est interfacée au système de commande pour permettre la prise en considération et la compensation de ces effets.

2.2. Quantification des effets de bords et d'extrémités par MEF 3D

La MEF 3D est la méthode de modélisation qui utilise le niveau d'hypothèses le plus faible. Son application conduit, en conséquence, à la description la plus proche de l'état et du comportement réels de la machine linéaire. C'est ainsi, que nous avons opté à l'exploitation de la MEF 3D pour la quantification, sous les aspects les plus complets possibles, des effets inhérents à la structure et à la géométrie de la machine et qui sont par ailleurs d'influence significative. L'idée consiste donc à adopter l'approche analytique de Duncan pour architecturer le noyau de la structure de commande et apporter les corrections nécessaires à cette approche sous formes de base de données élaborées par MEF 3D. Ce mécanisme de conception de la commande nécessite de se référer à une machine de référence considérée idéale et don dépourvue des effets d'extrémités et de bords.

Dans cette orientation, et pour deux fréquences différentes, la figure 3.2 transcrit une illustration des forces de poussée développées par la machine de référence (en vert), par la machine de Duncan (en bleu) et par la machine modélisée par MEF 3D (en rouge). La comparaison de ces résultats, montre l'importance des effets d'extrémités et de bords sur la force de poussée développée par la machine et prouve la nécessité de la prise en considération de ces effets.

Dans la machine de Duncan adoptée pour la structure de commande, les effets de la géométrie sont introduits moyennant un facteur $f(Q)_D$. La figure 3.3, présente la variation de ce facteur en fonction de la vitesse pour différentes fréquences d'alimentation et montre clairement que l'ampleur de ces effets devient de plus en plus importante quand la vitesse augmente. Par ailleurs, la figure 3.4 montre, d'une part, une caractérisation des forces antagonistes provoquées par les effets d'extrémités dans la machine de Duncan mais aussi dans la machine modélisée par MEF 3D.

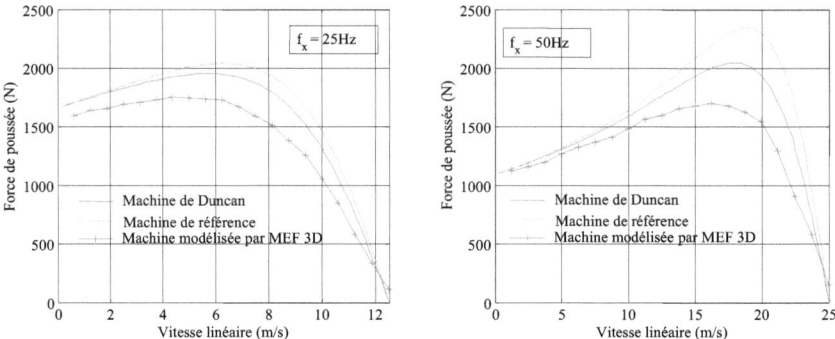

Figure 3.2 : *Forces de poussée pour deux fréquences différentes*

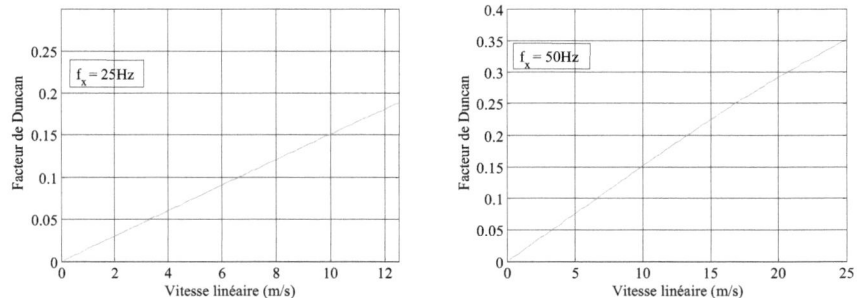

Figure 3.3 : *Evolution du facteur de Duncan pour deux fréquences différentes*

D'autre part, la figure 3.4 montre une quantification de l'effort antagoniste provoqué par les effets non considérés dans la machine de Duncan. L'ampleur importante de cet effort montre la nécessité d'apporter les corrections nécessaires à l'approche analytique de Duncan avant de l'adopter à la commande de la machine linéaire à induction.

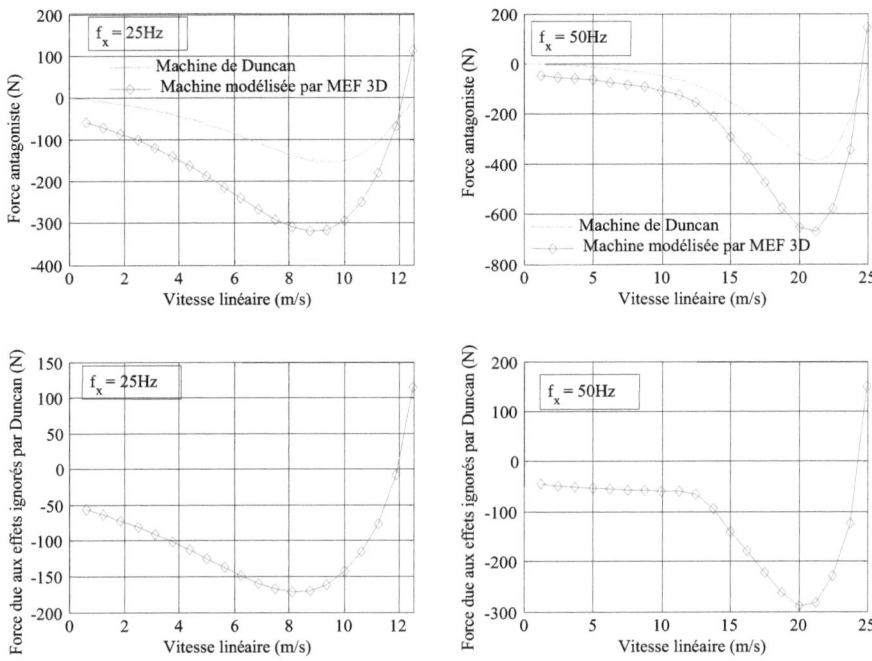

Figure 3.4 : *Forces dues aux effets de la géométrie pour deux fréquences différentes*

Les réseaux de réponse, portés par la figure 3.5, montrent une quantification du facteur de Duncan et de la force antagoniste sur tout le domaine d'utilisation de la machine considérée. Il est aisément remarquable que l'influence des effets d'extrémités est d'autant plus marquée que la fréquence d'alimentation est élevée.

Ces résultats montrent que l'impact des effets spéciaux dans une machine linéaire à induction ne peut être négligé surtout lorsque celle-ci est utilisée en entraînement électrique à vitesse et charge variables. C'est ainsi, et pour affiner davantage la quantification des effets d'extrémités et de bords considérés dans la machine de Duncan, on a procédé par la détermination de la relation liant le facteur de Duncan $f(Q)_D$ à l'effort antagoniste engendré. La démarche suivie consiste à fixer la fréquence d'alimentation et faire varier le glissement dans une fourchette allant de 0 à 50%. La figure 3.6 illustre cette caractérisation pour la fréquence de 25 Hz et 50 Hz.

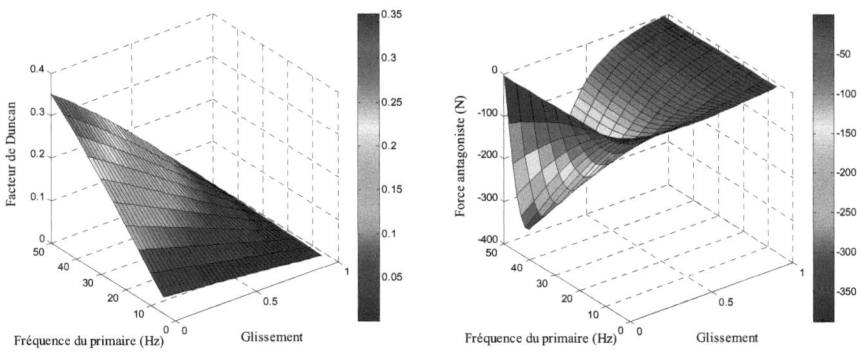

Figure 3.5 : *Facteur de Duncan et force antagoniste dus aux effets considérés par Duncan*

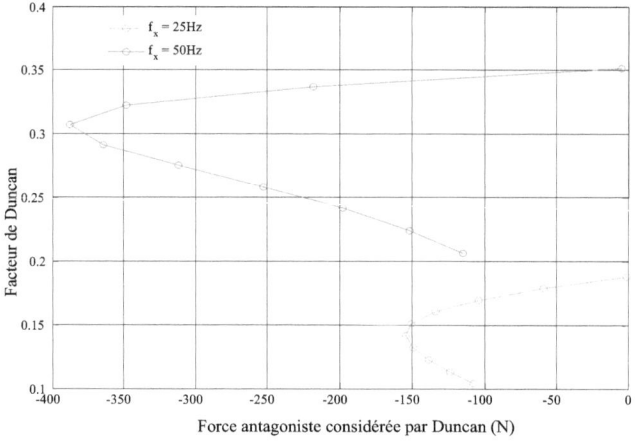

Figure 3.6 : *Facteur de Duncan en fonction de force antagoniste*

Pour étendre cette caractérisation en vue de couvrir tout le domaine d'utilisation de la machine nous exploitant un mécanisme d'interpolation faisant appel aux fonctions spline cubique. En exploitant la base de données obtenue par la modélisation EF 3D, nous caractérisons un facteur $f(Q)_{MEF}$ qui exprime l'impact des effets de bords et d'extrémités qui se manifestent réellement lors du fonctionnement de la machine considérée. Par juxtaposition de ces deux facteurs $f(Q)_D$ et $f(Q)_{MEF}$ nous arrivons à définir le facteur total, noté $f(Q)$, image de la force antagoniste totale comme étant la somme des deux premiers facteurs.

Dans ce sens, la figure 3.7 illustre la variation de la force antagoniste provoquée par les effets non considérés par Duncan. Cette force est définie comme étant la différence entre la force de poussée obtenue par la MEF 3D et celle obtenue par Duncan. A partir de cette surface de réponse et en utilisant la fonction entre le facteur de Duncan et la force antagoniste nous calculons le nouveau facteur $f(Q)_{MEF}$.

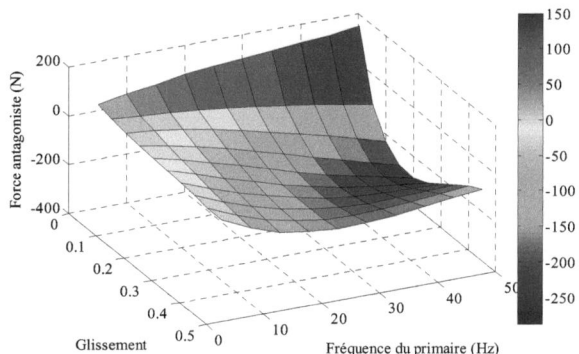

Figure 3.7 : *Force antagoniste en fonction du glissement et de la fréquence d'alimentation*

Sur la figure 3.8 sont consignées les forces de poussées développées par la machine modélisée par la MEF 3D et celles données par la machine de Duncan corrigée. Ces résultats montrent que l'approche considérée aboutit à des résultats proches à ceux de la MEF 3D.

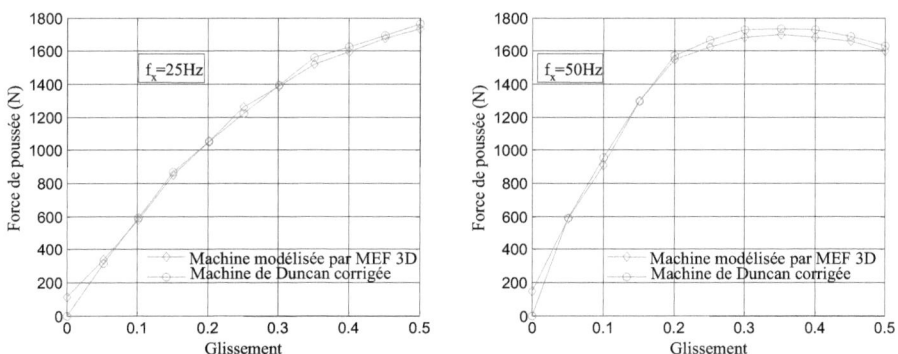

Figure 3.8 : *Forces de poussée de la machine modélisée par la MEF 3D et de celle de Duncan corrigée*

3. Approche de Commande vectorielle à flux secondaire orienté proposée pour le pilotage du MLSI avec considération des effets de bords et d'extrémités

3.1. Modèle dynamique du MLSI élaboré dans le référentiel secondaire

A l'instar de la machine à induction rotative, le modèle mathématique représentant le comportement dynamique de la machine linéaire à induction est assez lourd pour la commande et l'application de la transformation de Park est nécessaire pour le mieux adapté à l'implémentation dans des concepts de commande en temps réel.

Identiquement à la machine asynchrone conventionnelle, l'élaboration du modèle du MLSI peut être bâtie sur les schémas équivalents par phase.

3.1.1. Circuits équivalent par phase

Dans la commande vectorielle à flux rotorique orienté d'une machine rotative, l'axe (d) est aligné à tout instant sur le flux ϕ_r ce qui provoque, en régime permanent, $\phi_{qr} = 0$, $i_{dr} = 0$ et

$i_{qy} = -\left(\dfrac{L_m}{L_y}\right)i_{qx}$. Le même concept est appliqué à un MLSI. Ainsi, et puisque le flux

secondaire ϕ_{qy} est nul, les effets d'extrémités n'ont aucune influence sur le circuit équivalent suivant l'axe (q) et par conséquent le circuit équivalent d'un LIM est identique à celui d'un moteur rotatif. Cependant, le flux ϕ_{dy} est affecté par ces effets et le circuit équivalent suivant l'axe (d) d'un moteur rotatif n'est pas approprié à celui d'un MLSI. Les schémas équivalents par phase d'une machine linéaire sont présentés dans la figure 3.9, [114-122].

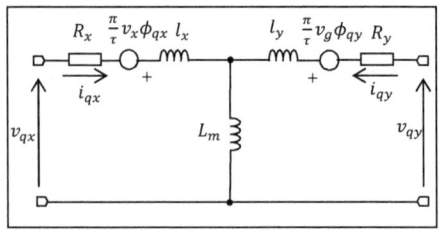
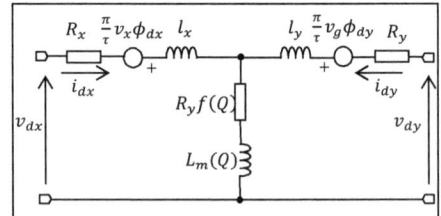

a)- Schéma équivalent suivant l'axe (q)   b)- Schéma équivalent suivant l'axe (d)

Figure 3.9 *: Schémas équivalents d'un MLSI en tenant compte des effets d'extrémités*

3.1.2. Équations mathématiques de la machine étudiée

Suivant la transformation de Park, le modèle mathématique d'une machine à simple induction dans un repère (d, q) s'écrit :

$$v_{dx} = R_x i_{dx} + R_y(Q)(i_{dx} + i_{dy}) + \frac{d\phi_{dx}}{dt} - \frac{\pi}{\tau} v_x \phi_{qx} \tag{3.1}$$

$$v_{qx} = R_x i_{qx} + \frac{d\phi_{qx}}{dt} + \frac{\pi}{\tau} v_x \phi_{dx} \tag{3.2}$$

$$v_{dy} = R_y i_{dy} + R_y(Q)(i_{dx} + i_{dy}) + \frac{d\phi_{dy}}{dt} - \frac{\pi}{\tau} v_g \phi_{qy} = 0 \tag{3.3}$$

$$v_{qy} = R_y i_{qy} + \frac{d\phi_{qy}}{dt} + \frac{\pi}{\tau} v_g \phi_{dy} = 0 \tag{3.4}$$

Les relations entre les flux et les courants sont données par :

$$\phi_{dx} = L_x(Q)i_{dx} + L_m(Q)i_{dy} \tag{3.5}$$

$$\phi_{qx} = L_x i_{qx} + L_m i_{qy} \tag{3.6}$$

$$\phi_{dy} = L_y(Q)i_{dy} + L_m(Q)i_{dx} \tag{3.7}$$

$$\phi_{qy} = L_y i_{qy} + L_m i_{qx} \tag{3.8}$$

Les courants primaire et secondaire suivant l'axe (d) sont déterminés respectivement à partir des équations (3.5) et (3.7) et sont donnés par :

$$i_{dx} = \frac{\phi_{dx} - L_m(Q)i_{dy}}{L_x(Q)} \tag{3.9}$$

$$i_{dy} = \frac{\phi_{dy} - L_m(Q)i_{dx}}{L_y(Q)} \tag{3.10}$$

Les courants primaire et secondaire suivant l'axe (q) sont déterminés respectivement à partir des équations (3.6) et (3.8) et sont donnés par :

$$i_{qx} = \frac{\phi_{qx} - L_m(Q)i_{qy}}{L_x(Q)} \tag{3.11}$$

$$i_{qy} = \frac{\phi_{qy} - L_m(Q)i_{qx}}{L_y(Q)} \tag{3.12}$$

En développant les équations (3.9) et (3.10), on montre que :

$$i_{dx} = \frac{L_y(Q)\phi_{dx} - L_m(Q)\phi_{dy}}{L_y(Q)L_x(Q) - [L_m(Q)]^2} \tag{3.13}$$

$$i_{dy} = \frac{L_x(Q)\phi_{dy} - L_m(Q)\phi_{dx}}{L_y(Q)L_x(Q) - \left[L_m(Q)\right]^2} \qquad (3.14)$$

En utilisant les équations (3.11) et (3.12), on obtient :

$$i_{qx} = \frac{L_y\phi_{qx} - L_m\phi_{qy}}{L_yL_x - L_m^2} \qquad (3.15)$$

$$i_{qy} = \frac{L_x\phi_{qy} - L_m\phi_{qx}}{L_yL_x - L_m^2} \qquad (3.16)$$

La force électromagnétique s'exprime par la relation suivante :

$$F_e = \frac{3}{2}p\frac{\pi}{\tau}\left(\phi_{dx}i_{qx} - \phi_{qx}i_{dx}\right) \qquad (3.17)$$

Pour compléter le modèle global de la machine linéaire à induction, on ajoute les équations mécaniques qui régissent le fonctionnement de la machine linéaire :

$$m\frac{dV_y}{dt} = F_e - dV_y - F_r \qquad (3.18)$$

$$V_y = \frac{dx}{dt} \qquad (3.19)$$

où (m) représente la masse de la machine étudiée, V_y la vitesse mécanique linéaire du secondaire, F_e sa force électromagnétique, (d) son frottement visqueux et F_r est la force de charge. L'équation (3.19) lie la vitesse du primaire (V_y) à la position linéaire (x). Les paramètres (m), (d) et F_r dépendent directement de la machine étudiée et de charge. La force électromagnétique est déterminée en étudiant la coénergie magnétique.

Avec flux secondaire orienté, le modèle mathématique d'une machine à simple induction dans un repère (d, q) devient :

$$v_{dx} = R_xi_{dx} + R_y(Q)\left(i_{dx} + i_{dy}\right) + \frac{d\phi_{dx}}{dt} - \frac{\pi}{\tau}v_x\phi_{qx} \qquad (3.20)$$

$$v_{qx} = R_xi_{qx} + \frac{d\phi_{qx}}{dt} + \frac{\pi}{\tau}v_x\phi_{dx} \qquad (3.21)$$

$$v_{dy} = R_yi_{dy} + R_y(Q)\left(i_{dx} + i_{dy}\right) + \frac{d\phi_{dy}}{dt} = 0 \qquad (3.22)$$

$$v_{qy} = R_yi_{qy} + \frac{\pi}{\tau}v_g\phi_{dy} = 0 \qquad (3.23)$$

Pour que la vitesse angulaire ω_x du référentiel d'axes (d, q) soit effectivement celle du champ, il convient d'assurer à tout instant la relation angulaire d'autopilotage ; exprimée ci-dessous :

$$\begin{cases} v_x = v_y + v_g \\ \theta_x = \int_0^t \omega_x dt \end{cases} \qquad (2.24)$$

À partir des équations (3.8) et (3.23), la vitesse de glissement est exprimée en fonction du courant primaire, soit :

$$v_g = -\frac{\tau}{\pi} \frac{R_y i_{qy}}{\phi_{dy}} = \frac{\tau}{\pi} \frac{1}{T_y} \frac{L_m}{\phi_{dy}} i_{qx} \qquad (3.26)$$

L'expression de la vitesse angulaire de glissement est identique à celle d'une machine à induction rotative. La différence essentielle est dans la caractéristique du flux (ϕ_{dy}). L'expression de ce flux est obtenue à partir des équations (3.7) et (3.22) :

$$\phi_{dy} = \phi_y = \frac{R_y \left[L_m - L_y f(Q) \right]}{s \left[L_m - L_y f(Q) \right] + R_y \left[1 + f(Q) \right]} i_{dx} \qquad (3.27)$$

En posant, $i_m = \dfrac{\phi_y}{L_m(Q)}$, image du flux ou courant magnétisant et en remplaçant ϕ_y dans l'expression (3.27), il en découle, à partir de la connaissance des courants primaires i_{dx} et i_{qx}, la fonction d'estimation suivante :

$$i_m = \frac{\left(\dfrac{R_y}{L_m(Q)} \right) \left[L_m - L_y f(Q) \right]}{s \left[L_m - L_y f(Q) \right] + R_y \left[1 + f(Q) \right]} i_{dx} \qquad (3.28)$$

Les expressions (3.26) et (3.28) constituent des observateurs simples du courant magnétisant et de la vitesse du référentiel dans le repère du primaire. Ils fonctionnent naturellement en boucle ouverte. Leur précision peut s'avérer très vîtes insuffisante ; dans le cas présent, il apparaît d'emblée que toute erreur relative sur la valeur de la constante de temps secondaire T_y se répercute directement sur les grandeurs estimées.

Après une longue manipulation de l'expression (3.17), on obtient, [49, 118]:

$$F_e = \frac{3}{2} p \frac{\pi}{\tau} \frac{L_m \left[1 - f(Q) \right]}{L_y - L_m f(Q)} \left\{ \phi_{dy} i_{qx} - \frac{l_r^2}{L_r} \frac{f(Q)}{1 - f(Q)} i_{dx} i_{qx} \right\} \qquad (3.29)$$

L'inductance cyclique secondaire, $L_y = l_y + L_m \cong L_m$, car l'inductance de fuite $l_y \ll L_m$. Dans ce cas, la force de poussée ne dépend pas directement du facteur représentant les effets d'extrémités $f(Q)$. La variation de la force en fonction de la vitesse est due aux variations du flux secondaire (ϕ_{dy}) et des courants primaires. L'expression de la force de poussée devient :

$$F_e = \frac{3}{2} p \frac{\pi}{\tau} \left\{ \phi_{dy} i_{qx} - \frac{l_y^2}{L_y} \frac{f(Q)}{1 - f(Q)} i_{dx} i_{qx} \right\} = F_{e1} + F_{e2} \tag{3.30}$$

3.2. Concept de l'approche de commande proposée à flux secondaire orienté

Le concept de commande proposé pour le pilotage du MLSI avec considération des effets de bords et d'extrémités est organisé conformément à l'architecture de la figure 3.10.

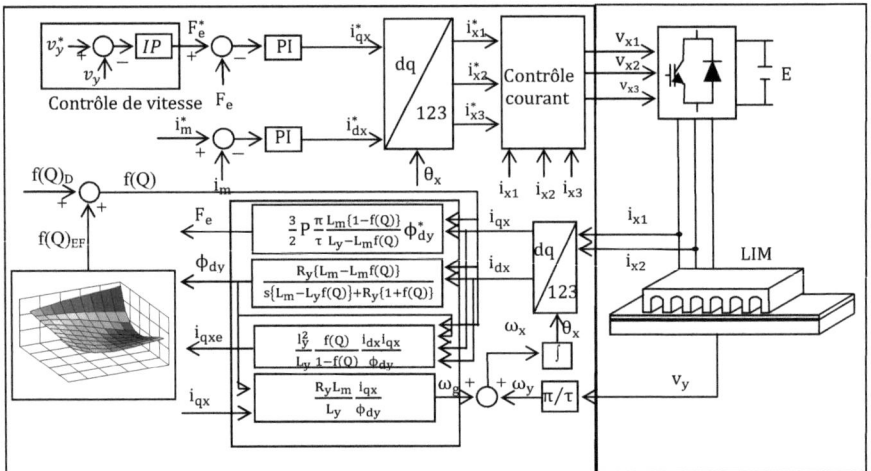

Figure 3.10 : *Architecture de la commande avec considération des effets d'extrémités*

Cette architecture est bâtie autour du modèle de la machine linéaire qui renferme quatre sous systèmes composés par les équations mathématiques régissant les composantes des courants primaires et secondaires (i_{dx}, i_{qx}, i_{dy} et i_{qy}) et celles des flux primaires et secondaires (ϕ_{dx}, ϕ_{qx}, ϕ_{dy} et ϕ_{qy}), un sous système composé par l'équation mécanique et un sous système pour l'estimation des effets d'extrémités. Des fonctions de multiplication et de sommation sont aussi utilisées pour relier les différents blocs.

Sur la partie droite de cette architecture, on retrouve d'abord le transformateur de coordonnées consacré à l'obtention des courants i_{dx} et i_{qx} à partir des mesures des courants réels i_{x1}, i_{x2} et i_{x3}. En pratique, seules deux de ces grandeurs sont mesurées. Ensuite, les autres blocs constituent l'estimateur du flux ϕ_y (du courant magnétisant), de la force électromagnétique et de la vitesse angulaire du glissement ω_g. Un additionneur algébrique réalise la loi d'autopilotage et l'intégration de la vitesse ω_x ainsi obtenue donne l'angle de calage θ_x.

Sur la partie gauche de cette même architecture, on rencontre deux chaines de régulation. La première permet de contrôler l'aimantation de la machine et la deuxième est dédiée pour le contrôle de la puissance active par l'intermédiaire de la cascade force-vitesse.

Le flux ϕ_{dy} est calculé à partir du courant magnétisant tout en considérant les effets d'extrémités. Le régulateur du flux est activé par l'écart ($\varepsilon_\phi = \phi_y^* - \phi_y$) et fournit la consigne i_{dx}^*. Le régulateur de la vitesse agit sur l'erreur ($\varepsilon_v = v_y^* - v_y$) et donne au régulateur interne la référence de la force électromagnétique. La sortie de régulateur de la force fournit la référence du courant actif i_{qx}^*. Ensuite, les consignes des courants primaires i_{dx}^* et i_{qx}^* sont appliquées à un transformateur de coordonnées inverses afin d'avoir les consignes des courants qui circulent dans les trois phases du primaire. Enfin, un régulateur de courant de type hystérésis est utilisé pour fournir les tensions d'alimentation.

Les paramètres du régulateur de vitesse sont calculés pour imposer, en boucle fermé, une réponse du deuxième ordre dont la pulsation propre et l'amortissement sont choisis afin d'avoir des performances dynamiques acceptables.

3.3. Résultats de simulation et discussion

Les performances de la commande vectorielle proposée sont évaluées à partir d'une simulation globale portant sur la machine considérée de 42.5 kW. La démarche suivie dans la synthèse des correcteurs suppose que le calage est toujours réalisé. La simulation a pour objectif, entre autres, de constater l'efficacité de la stratégie de commande et de l'autopilotage qui doivent maintenir effectivement l'orientation de l'axe (*d*) sur le flux secondaire. Le bloc de la machine linéaire à simple induction est naturellement représenté par les équations de Park originales, sans aucune modification.

Par ailleurs, les figures 3.11 et 3.12 illustrent, respectivement, le comportement de la machine de Duncan et celui de la machine modélisée par la MEF 3D régulées en vitesse. Cette illustration met en exergue, entre autres, le comportement de la machine vis-à-vis l'application d'une charge de 1700N qui se manifeste par une chute maximale de vitesse de l'ordre de 6% provoquant une durée du régime transitoire de 200 ms.

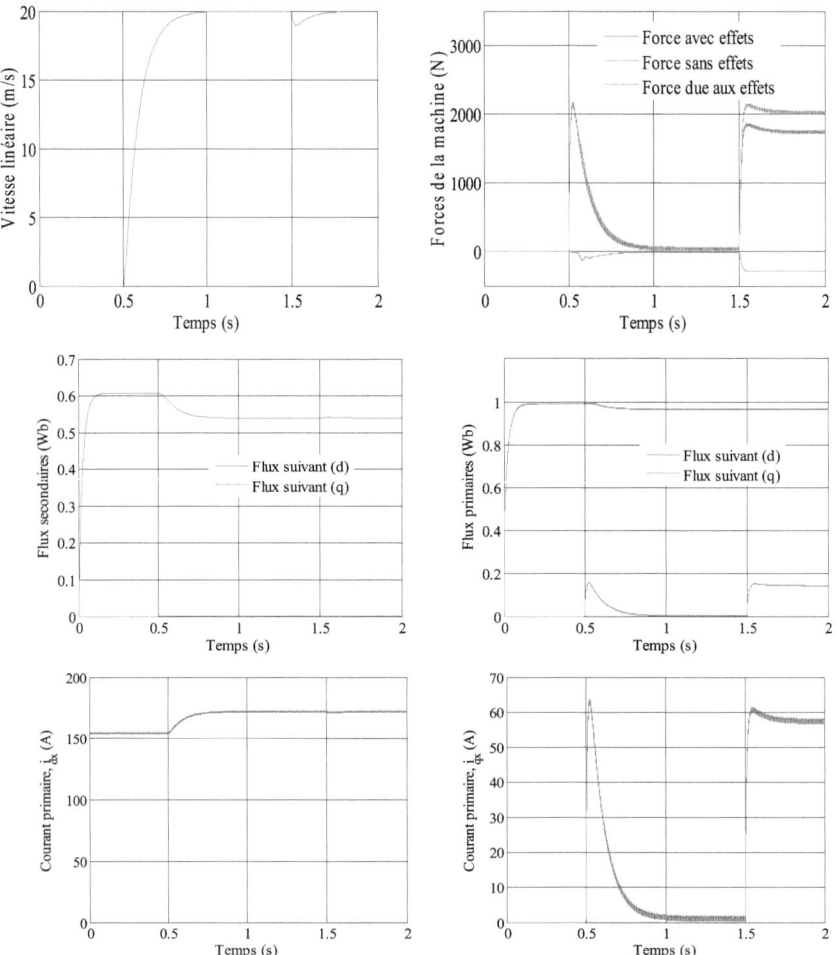

Figure 3.11 *: Comportement dynamique de la machine de Duncan*

L'allure du courant actif i_{qx} montre qu'il est l'image de la force électromagnétique ce qui confirme la qualité du découplage. Sur cette allure, on observe une dynamique satisfaisante du courant i_{qx} dont la valeur suit de façon satisfaisante sa référence. L'allure du flux secondaire montre qu'il reste insensible aux variations de la force électromagnétique, ceci confirme la capacité du contrôle vectoriel à découpler l'aimantation de la machine linéaire et sa force électromagnétique.

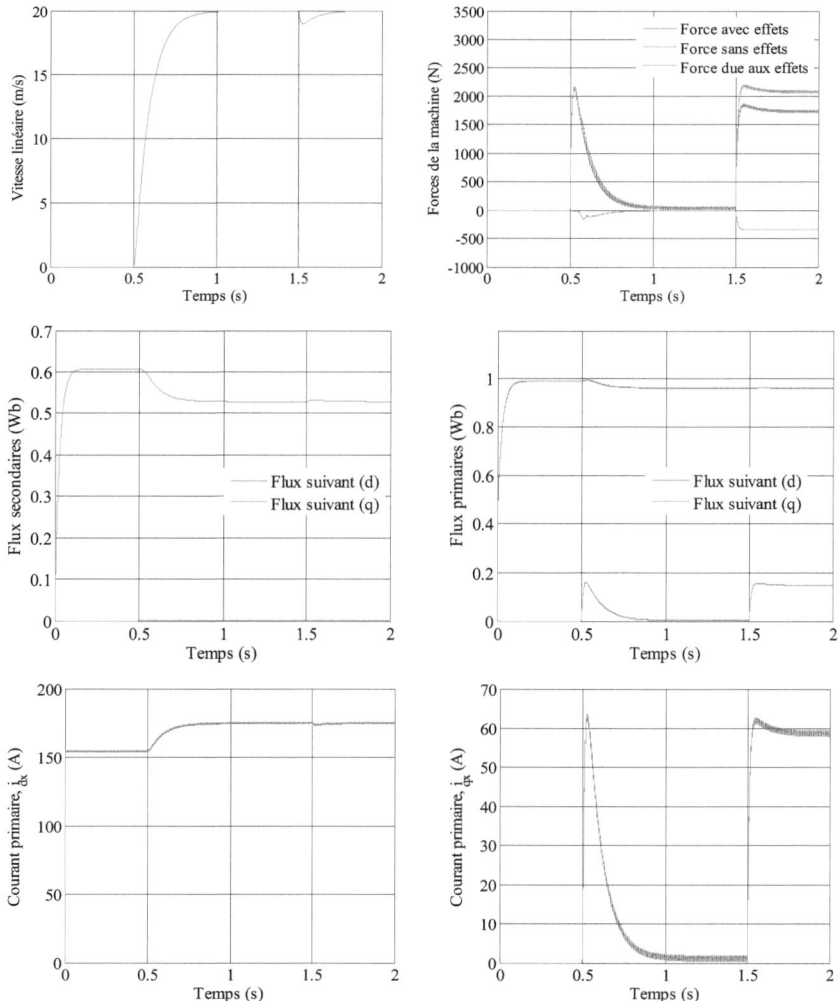

Figure 3.12 : *Comportement dynamique de la machine modélisée par la MEF 3D*

Le tableau 3.1 présente la comparaison entre les réponses de la machine de référence, de la machine de Duncan et de la machine modélisée par MEF 3D lorsqu'elles sont pilotées successivement selon l'approche de commande proposée.

Tableau 3.1 : Comparaison des résultats obtenus avec orientation du flux secondaire

	Courant i_{dx}	Courant i_{qx}	Flux ϕ_{dy}	Flux ϕ_{dx}	Force antagoniste
Machine de Référence	154.5 A	51.12 A	0.607 Wb	0.99 Wb	0 N
Machine de Duncan	172.5 A	56.65 A	0.539 Wb	0.967 Wb	287.32 N
Machine modélisée par MEF	179.1 A	59.86 A	0.528 Wb	0.961 Wb	407.32 N

Les résultats obtenus ont montré que l'approche de commande élaborée et qui est basée sur la technique d'orientation du flux secondaire, conduit à un découplage satisfaisant de l'aimantation de la machine de sa force électromagnétique développée. Cette approche a permis de quantifier l'impact néfaste des effets d'extrémités qui se manifestent par la création d'un effort antagoniste qui s'oppose à l'effort de poussée. En effet, la simulation a montré que cet effort antagoniste est considérable. Il atteint les 23 % de la force nominale.

D'autres simulations tenant à la robustesse de cette approche de commande ont montré une sensibilité significative envers les variations paramétriques de la machine. Connaissant que les machines linéaires sont souvent non équipés par un système de refroidissement et que la résistance du secondaire peut varier dans de larges proportions sous l'effet de l'échauffement, d'une part, et sous l'influence de l'effet de bords, d'autre part, il est impératif d'immuniser la commande contre les variations paramétriques du MLSI particulièrement celle de la résistance du secondaire.

Pour réussir cet objectif, on envisage à la suite de ces développements d'élaborer une approche de pilotage articulée sur les techniques de commande vectorielle à flux primaire orienté [122, 123, 124].

4. Approche de Commande vectorielle à flux primaire orienté élaborée pour le pilotage de la LIM avec considération des effets de bords et d'extrémités

Dans le modèle de Duncan, les pertes dues aux courants induits à l'entrée et à la sortie de la machine sont représentées par une résistance en série avec l'inductance cyclique magnétisante. Ces pertes, en principe, sont identiques aux pertes fer dans les machines conventionnelles. Elles sont alors équivalentes à l'effet produit par une résistance placée en parallèle avec la branche verticale [48, 116, 117]. Pour simplifier la manipulation des équations modélisant ce type d'actionneur, nous négligeons, dans cette phase d'étude, les pertes dues aux courants parasites ($R_y.f(Q)$). Cependant, l'introduction de la branche représentative des pertes fait augmenter considérablement la complexité de ces équations tandis que la présence ou l'absence de cette branche, due à la géométrie de la machine, ne fait pas une différence significative dans la dynamique des courants à moins que le moteur linéaire se déplace à une très grande vitesse [48].

4.1. Modèle dynamique de LIM élaboré dans le référentiel primaire

La contrainte $\phi_{qx} = 0$ conduit à l'alignement systématique de l'axe (d) sur le vecteur flux primaire et impose à l'évolution de la force de suivre celle du courant i_{qx}. Dans de tel cas, les lois de commande se déduisent des équations de Park simplifiées suivantes :

$$v_{dx} = R_x i_{dx} + \frac{d\phi_{dx}}{dt} \tag{3.31}$$

$$v_{qx} = R_x i_{qx} + \frac{\pi}{\tau} v_x \phi_{dx} \tag{3.32}$$

$$v_{dy} = R_y i_{dy} + \frac{d\phi_{dy}}{dt} - \frac{\pi}{\tau} v_g \phi_{qy} = 0 \tag{3.33}$$

$$v_{qy} = R_y i_{qy} + \frac{d\phi_{qy}}{dt} + \frac{\pi}{\tau} v_g \phi_{dy} = 0 \tag{3.34}$$

Les équations des flux primaire et secondaire sont données par les expressions suivantes :

$$\phi_{dx} = L_x(Q) i_{dx} + L_m(Q) i_{dy} \tag{3.35}$$

$$\phi_{qx} = L_x(Q) i_{qx} + L_m(Q) i_{qy} \tag{3.36}$$

$$\phi_{dy} = L_y(Q) i_{dy} + L_m(Q) i_{dx} \tag{3.37}$$

$$\phi_{qy} = L_y(Q) i_{qy} + L_m(Q) i_{qx} \tag{3.38}$$

Les composantes des courants de la machine linéaire étudiée sont données par les équations suivantes :

$$i_{dx} = \frac{L_y(Q)\phi_{dx} - L_m(Q)\phi_{dy}}{L_y(Q)L_x(Q) - [L_m(Q)]^2} \tag{3.39}$$

$$i_{qx} = \frac{L_y(Q)\phi_{qx} - L_m(Q)\phi_{qy}}{L_y(Q)L_x(Q) - [L_m(Q)]^2} \tag{3.40}$$

$$i_{dy} = \frac{L_x(Q)\phi_{dy} - L_m(Q)\phi_{dx}}{L_y(Q)L_x(Q) - [L_m(Q)]^2} \tag{3.41}$$

$$i_{qy} = \frac{L_x(Q)\phi_{qy} - L_m(Q)\phi_{qx}}{L_y(Q)L_x(Q) - [L_m(Q)]^2} \tag{3.42}$$

Les équations primaires (3.31) et (3.32) constituent les estimateurs homologues à ceux de la commande à flux secondaire orienté. En effet, la vitesse angulaire $\frac{\pi}{\tau}v_x$ du référentiel d'axes (d, q) est directement issue de la relation suivante, soit :

$$\frac{\pi}{\tau}v_x^e = \frac{v_{qx} - R_x i_{qx}}{\phi_x^e} \tag{3.43}$$

et le flux secondaire est exprimé directement à partir de la relation (3.30), soit :

$$\phi_x^e = \int_0^t (v_{dx} - R_x i_{dx}) dt \tag{3.44}$$

Les deux fonctions précédentes qui exigent la mesure des tensions et des courants, montrent quelles sont sensibles à la variation de la résistance primaire, situation analogue à celle rencontrée dans la commande à flux secondaire orienté envers la résistance du secondaire.

Le courant i_{qx} et la vitesse v_y ont des rôles équivalents vis-à-vis le réglage de la force, lorsque le flux secondaire est orienté. On montre qu'il existe une propriété similaire à celle dans le cas du flux secondaire orienté. Les équations secondaires (3.33) et (3.34) du modèle sont d'abord transformées afin de n'y faire apparaître que des grandeurs primaires, en l'occurrence les courants i_{dx} et i_{qx}. Les courants secondaires se déduisent des expressions des flux primaires :

$$i_{dy} = \frac{\phi_x - L_x(Q)i_{dx}}{L_m(Q)} \tag{3.45}$$

$$i_{qy} = -\frac{L_x(Q)}{L_m(Q)}i_{qx} \tag{3.46}$$

Dans ces conditions, les flux secondaires s'écrivent :

$$\phi_{dy} = \frac{L_y(Q)}{L_m(Q)}\phi_x + \left\{ L_m(Q) - \frac{L_x(Q)L_y(Q)}{L_m(Q)} \right\} i_{dx} \tag{3.47}$$

$$\phi_{qy} = \left\{ L_m(Q) - \frac{L_x(Q)L_y(Q)}{L_m(Q)} \right\} i_{qx} \tag{3.48}$$

Les équations précédentes, nous amènent à un nouveau système d'équations secondaires, soit :

$$0 = \left\{1 + T_y(Q)\frac{d}{dt}\right\}\phi_x - L_x(Q)\left\{1 + T_y(Q)\sigma(Q)\frac{d}{dt}\right\}i_{dx} - \left[T_y(Q)L_x(Q)\omega_g\sigma(Q)\right]i_{dx} \qquad (3.49)$$

$$0 = \left\{\phi_x - \sigma(Q)L_x(Q)i_{dx}\right\}\frac{\pi}{\tau}v_g - \frac{1}{T_y(Q)}\left\{1 + T_y(Q)\sigma(Q)\frac{d}{dt}\right\}L_x(Q)i_{qx} \qquad (3.50)$$

En combinant ces deux dernières équations pour éliminer i_{dx} et exprimer i_{qx} en fonction de la vitesse v_g. Il vient :

$$i_{qx} = \frac{T_y(Q)\left[1 - \sigma(Q)\right]\phi_x}{L_x(Q)\left\{\left[1 + T_y(Q)\sigma(Q)\left(\frac{d}{dt}\right)\right]^2 + \left[T_y(Q)\sigma(Q)\frac{\pi}{\tau}v_g\right]^2\right\}}\frac{\pi}{\tau}v_g \qquad (3.51)$$

Dans les conditions d'orientation du flux primaire, la force électromagnétique est exprimée par la relation suivante :

$$F_e = \frac{3}{2}\frac{\pi}{\tau}p\phi_x i_{qx} \qquad (3.52)$$

On constate alors que, si on peut maintenir le flux primaire constant à sa valeur de référence, le contrôle de la force électromagnétique s'obtient par le contrôle de la composante d'axe (q) du courant primaire. Un découplage des deux grandeurs de commande de la machine linéaire est ainsi réalisé.

En introduisant l'expression du courant i_{qx} dans l'équation (3.52), la formule donnant la force devient :

$$F_e = \frac{3}{2}\frac{\pi}{\tau}p(\phi_x)^2 \cdot \frac{T_y(Q)\left[1 - \sigma(Q)\right]\phi_x}{L_x(Q)\left\{\left[1 + T_y(Q)\sigma(Q)\left(\frac{d}{dt}\right)\right]^2 + \left[T_y(Q)\sigma(Q)\frac{\pi}{\tau}v_g\right]^2\right\}}\frac{\pi}{\tau}v_g \qquad (3.53)$$

Si on admet que les valeurs usuelles du coefficient de dispersion et de la pulsation secondaire conduisent à rendre négligeable le terme $[T_y(Q)\sigma(Q)\frac{\pi}{\tau}v_g]$ devant 1, l'expression se simplifie, soit :

$$F_e = \frac{3}{2}\frac{\pi}{\tau}p(\phi_x)^2 \frac{R_y L_y(Q)\left[1 - \sigma(Q)\right]}{L_x(Q)\left\{R_y^2 + \left[L_y(Q)\sigma(Q)\frac{\pi}{\tau}v_g\right]^2\right\}}\frac{\pi}{\tau}v_g \qquad (3.54)$$

4.2. Le processus électrique

Dans cette commande, il s'agit d'agir de manière instantanée et indépendante sur la phase (donc la pulsation) et l'amplitude de la tension primaire de manière à régler le courant i_{qx} sans modifier le flux (ϕ_x). Les informations phase et amplitude des tensions primaires sont dans les composantes v_{dx} et v_{qx} et, comme précédemment l'établissement du modèle du processus doit être réalisé en fonction de l'objectif à atteindre : le contrôle séparé du flux primaire et du courant de réglage de la force.

Dans l'équation (3.31), on exprime i_{dx} à partir de l'équation (3.49). Il vient :

$$v_{dx} = \frac{R_x}{L_x(Q)} \frac{1 + T_y(Q)\left(\dfrac{d}{dt}\right)}{1 + \sigma(Q)T_y(Q)\left(\dfrac{d}{dt}\right)} \phi_x - \frac{R_x\sigma(Q)T_y(Q)\dfrac{\pi}{\tau}v_g}{1 + \sigma(Q)T_y(Q)\left(\dfrac{d}{dt}\right)} i_{qx} + \frac{d}{dt}\phi_x \tag{3.55}$$

Cette dernière équation associée à l'expression (3.32) modélise la partie électrique qui apparaît comme deux processus mono-variables couplés par des grandeurs de perturbations e_d et e_q, soit :

$$\left\{ 1 + \left[T_x(Q) + T_y(Q) \right]\frac{d}{dt} + \sigma(Q)T_x(Q)T_y(Q)\frac{d^2}{dt^2} \right\}\phi_x$$
$$= T_x(Q)\left[1 + \sigma(Q)T_y(Q)\frac{d}{dt} \right](v_{dx} + e_d) \tag{3.56}$$

$$R_x i_{qx} = v_{qx} + e_q \tag{3.57}$$

Avec :

$$\begin{cases} e_q = -\phi_x \dfrac{\pi}{\tau}\left(v_g + v_y\right) \\[2em] e_d = \dfrac{\sigma(Q)L_x(Q)T_y(Q)i_{qx}\dfrac{\pi}{\tau}v_g}{T_x(Q)\left(1 + \sigma(Q)T_y(Q)\left(\dfrac{d}{dt}\right)\right)} \end{cases} \tag{3.58}$$

e_d et e_q sont considérées comme des perturbations mesurables ayant des dynamiques inférieures à celles du système à régler. Les tensions v_{dx} et v_{qx} permettent le réglage respectif et séparé du flux (action sur ϕ_x) et de la force (action sur i_{qx}) si les effets de couplage non linéaire sont compensés.

Le bloc de commande et d'autopilotage définit, à partir des références et des mesures, les valeurs instantanées des grandeurs influentes de la machine : les tensions primaires v_{dx} et v_{qx} et la vitesse angulaire du référentiel d'axes (d, q).

Pour le contrôle de la vitesse et dans les conditions de la commande avec compensation, la situation est effectivement devenue similaire à celle de la machine à courant continu, ce qui facilite la conception du contrôle de la vitesse. Le schéma de réglage de la vitesse linéaire néglige la dynamique de la force, étant donnée la régulation rapide de la force on peut la confondre avec sa référence et sa boucle de régulation est réduite à un gain unitaire. Cet aspect est acceptable si la dynamique de la force est élevée par rapport à celle de la vitesse. Pour garantir la validité de cette hypothèse, il faut respecter au niveau de la synthèse des régulateurs un rapport au moins de dix entre les deux dynamiques. Ceci permet une bonne séparation entre le mode mécanique et le mode électromagnétique. Ici, la force de charge est considérée comme perturbation.

La fonction de transfert en boucle fermée, pour la régulation de la vitesse, fait apparaître un zéro dans le numérateur qui est mal placé par rapport aux pôles du système. Ceci peut influencer le transitoire de la vitesse et par conséquent la force électromagnétique (F_e^*). Pour résoudre ce problème, annuler le zéro dans le numérateur, nous avons utilisé une structure de régulateur Intégral Proportionnel (IP).

4.3. Concept de l'approche de commande proposée à flux primaire orienté

La figure 3.13 présente l'architecture de la commande à flux primaire orienté que nous avons proposé pour le pilotage du MLSI. Ce schéma fonctionnel du contrôle peut être envisagé suivant deux stratégies selon que les perturbations non linéaires (e_d et e_q) sont compensées ou non. La compensation a pour effet de découpler les deux processus grâce à une reconstitution en temps réel de ces perturbations. Sur la partie droite de cette figure, on retrouve d'abord le modèle de la machine linéaire à induction avec considération des effets d'extrémités, et d'autres blocs réalisent les fonctions explicitées par (3.43) et (3.44) et constituent ainsi les estimations respectives de la vitesse linéaire v_y et du flux ϕ_x. Un sommateur algébrique effectue le calcul de la vitesse du glissement v_g nécessaire au découplage du processus flux (compensation de e_d). Sur la partie haute de la figure, des blocs constitués de correcteurs et de découpleurs délivrent les tensions de réglage, à partir du traitement des écarts entre les consignes i_{dx}^* et i_{qx}^* et les grandeurs estimées.

Le modèle d'action de la machine linéaire expose deux chaines de régulations, chaque chaine comprend une grandeur de commande (v_{dx} et v_{qx}), une grandeur intermédiaire ou interne (i_{dx} et i_{qx}) et une grandeur principale (ϕ_x et v_y). L'utilisation des variables intermédiaires permet de régler des systèmes partiels d'ordre 1. Par conséquent, une structure en cascade, employant des régulateurs de type PI, est parfaitement adaptée.

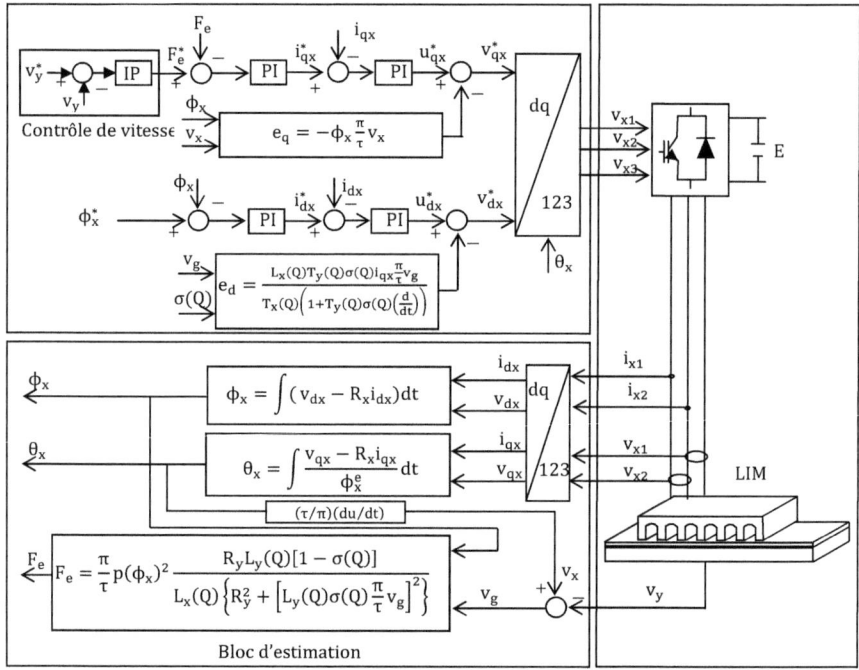

Figure 3.13 : *Schéma bloc de la commande vectorielle avec orientation du flux primaire*

Dans les deux cas, un correcteur à action proportionnelle et intégrale suffit à l'obtention de performances satisfaisantes. Le choix de la dynamique en boucle fermée est libre mais doit respecter les limitations imposées par la vitesse de commutation. Dans le cas général, l'effet des perturbations, donc ici l'effet des couplages, est d'autant limité que le gain de la boucle est élevé, mais une telle disposition peut amener des dépassements de valeurs maximales permises sur les grandeurs de réglage.

4.4. Résultats de simulation et discussion

Les figures 3.14 et 3.15 présentent les réponses de la machine de Duncan conventionnelle et de la machine de Duncan corrigée quand la régulation de vitesse est effectuée. Le régulateur de vitesse choisi est de type IP. Sur cette figure nous avons simulé, entre autres, le comportement de la machine à l'impact de charge, suite à un coup de force nominale de 1700N.

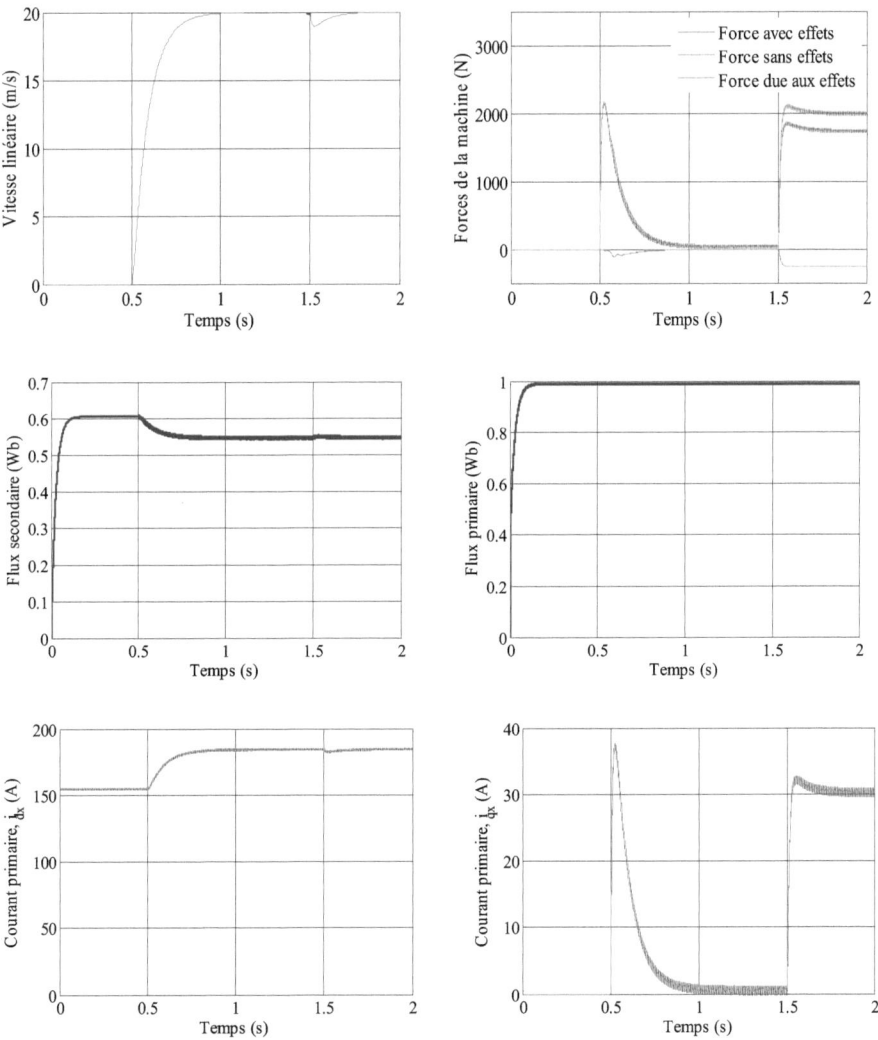

Figure 3.14 *: Comportement dynamique de la machine de Duncan*

Le courant actif i_{qx} est l'image de la force électromagnétique ce qui confirme la qualité du découplage. Sur cette figure, on observe une très bonne dynamique du courant i_{qx} (de la force) dont la valeur suit de façon satisfaisante sa référence. Les effets d'extrémités n'influent pas sur le découplage réalisé.

On montre que le flux secondaire reste insensible aux variations de la force électromagnétique, ceci confirme la capacité du contrôle vectoriel à découpler l'aimentation de la machine linéaire et sa force électromagnétique.

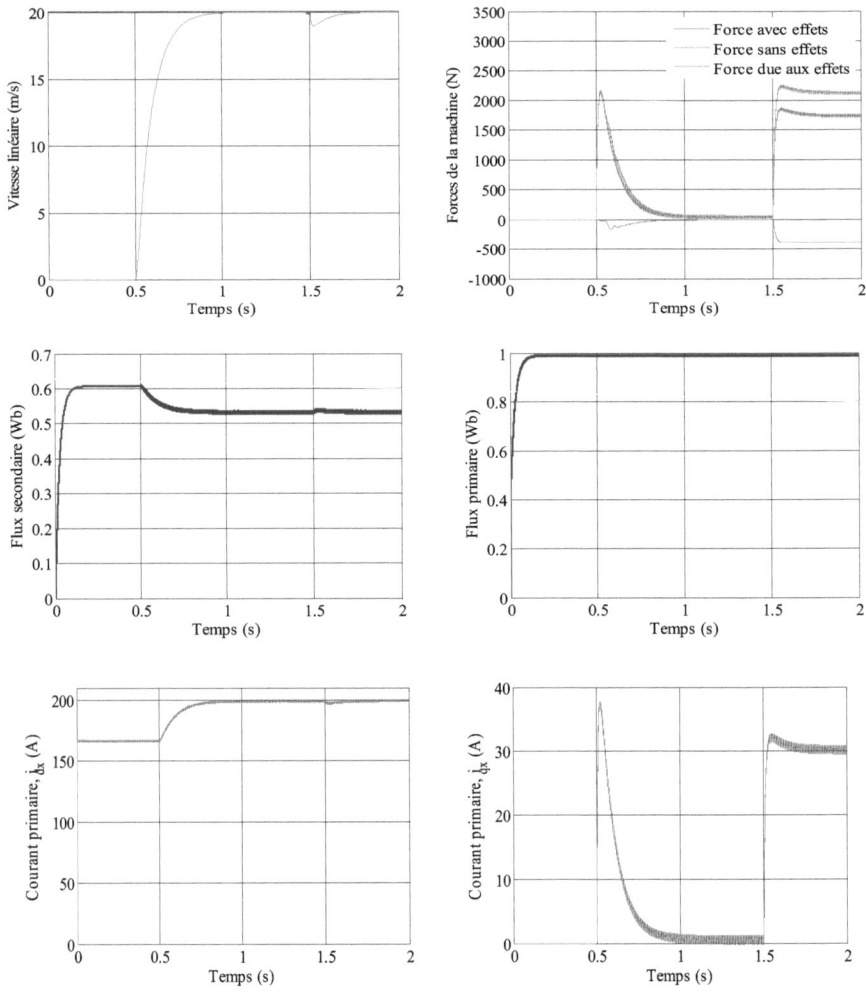

Figure 3.15 : *Comportement dynamique de la machine modélisée par la MEF 3D*

Le tableau 3.2 présente la comparaison entre les réponses de la machine de référence, de la machine de Duncan et de la machine modélisée par MEF 3D lorsqu'elles sont pilotées successivement selon l'approche de commande vectorielle à flux primaire orienté

Tableau 3.2 : *Comparaison des résultats obtenus avec orientation du flux primaire*

	Courant i_{dx}	Courant i_{qx}	Flux ϕ_{dy}	Flux ϕ_{dx}	Force antagoniste
Machine de référence	154.5 A	30.39 A	0.607 Wb	0.989 Wb	0 N
Machine de Duncan	184.9 A	30.39 A	0.534 Wb	0.989 Wb	258.83 N
Machine modélisée par MEF	200.5 A	30.39 A	0.526 Wb	0.989 Wb	391.79 N

La commande à flux primaire orienté est insensible à la variation des paramètres du secondaire et permet de quantifier la force due aux effets d'extrémités et de bords. Toutefois, dans cette commande on agit en valeur moyenne ce qui offre des dynamiques moyennes. Pour améliorer les performances dynamiques du MLSI, une autre stratégie basée sur le Contrôle Direct de la Force sera développée.

5. Approche de Commande Directe de la Force élaborée pour le pilotage du MLSI avec considération des effets de bords et d'extrémités

L'objectif de la commande basée sur le contrôle directe de la force (CDF) est de maintenir la force électromagnétique et le module du flux primaire à l'intérieur des bandes d'hystérésis par le choix de la tension de sortie de l'onduleur. Lorsque la force ou le module du flux primaire atteint la limite supérieure ou inférieure de la bande, un vecteur adéquat de tension est appliqué pour ramener la grandeur concernée à l'intérieur de sa bande d'hystérésis.

Pour une commande efficace de force de la machine, le réglage du flux est impératif. En CDF, on réalise le réglage du flux primaire car il est plus simple à estimer. En réglant le flux primaire, le flux secondaire est également réglé.

Comme toute commande utilisant une régulation directe du flux, on impose au flux, pour les vitesses inférieures à la vitesse nominale, une référence constante égale à la valeur nominale. Pour des vitesses supérieures, on exige une référence de flux qui décroit de manière inversement proportionnelle à la vitesse, ce qui correspond à un défluxage de la machine. Dans cette étude, le fonctionnement en survitesse n'est pas abordé. La qualité du contrôle de la vitesse et de la position des actionneurs linéaires dépend directement de celle de la force.

5.1. Modèle dynamique du MLSI élaboré dans le référentiel (α, β)

Pour la modélisation de la machine linéaire en vue de l'étude des lois de commande basées sur le Contrôle Directe de la Force (CDF), il est judicieux de choisir un repère diphasé, dont les axes orthogonaux (α, β) sont fixés au primaire, et dont l'axe α est colinéaire avec la phase x_1 du système d'alimentation. En négligeant les phénomènes de saturation des matériaux magnétiques et des pertes fer, une machine linéaire à induction peut être modélisée dans le repère (α, β) par les équations (3.59) à (3.77), [125] :

$$v_{\alpha x} = R_x i_{\alpha x} + \frac{d\phi_{\alpha x}}{dt} \tag{3.59}$$

$$v_{\beta x} = R_x i_{\beta x} + \frac{d\phi_{\beta x}}{dt} \tag{3.60}$$

$$v_{\alpha y} = R_y i_{\alpha y} + \frac{d\phi_{\alpha y}}{dt} + \frac{\pi}{\tau} v_y \phi_{\beta y} = 0 \tag{3.61}$$

$$v_{\beta y} = R_y i_{\beta y} + \frac{d\phi_{\beta y}}{dt} - \frac{\pi}{\tau} v_y \phi_{\alpha y} = 0 \tag{3.62}$$

La force électromagnétique développée par la machine linéaire peut se calculer, entre autres, par l'équation suivante :

$$F_e = \frac{3}{2} p \frac{\pi}{\tau} \left(\phi_{\alpha x} i_{\beta x} - \phi_{\beta x} i_{\alpha x} \right) \tag{3.63}$$

Les relations entre les flux et les courants sont données par les équations suivantes :

$$\phi_{\alpha x} = L_x(Q) i_{\alpha x} + L_m(Q) i_{\alpha y} \tag{3.64}$$

$$\phi_{\beta x} = L_x(Q) i_{\beta x} + L_m(Q) i_{\beta y} \tag{3.65}$$

$$\phi_{\alpha y} = L_y(Q) i_{\alpha y} + L_m(Q) i_{\alpha x} \tag{3.66}$$

$$\phi_{\beta y} = L_y(Q) i_{\beta y} + L_m(Q) i_{\beta x} \tag{3.67}$$

5.2. Concept de l'approche de commande proposée

Dans cette stratégie de contrôle le découplage à travers la transformation vectorielle est remplacé par un contrôle non linéaire tel que les états de commutation de l'onduleur soient imposés à travers un pilotage séparé du flux primaire et de la force électromagnétique.

En effet, Sur la partie droite de la figure 3.16, on retrouve d'abord le transformateur de coordonnées consacré à l'obtention des courants et des tensions primaires dans le repère (α, β) à partir des mesures réelles des courants et des tensions. Cette architecture renferme également bloc pour l'estimation des variables de commande. Sur la partie haute de cette même figure, on rencontre aussi un modèle de régulation à structure variable de la force électromagnétique. Enfin, un module de régulation à structure variable du flux et une unité logique pour l'optimisation des commutations sont associés à l'architecture de régulation (table de commutation).

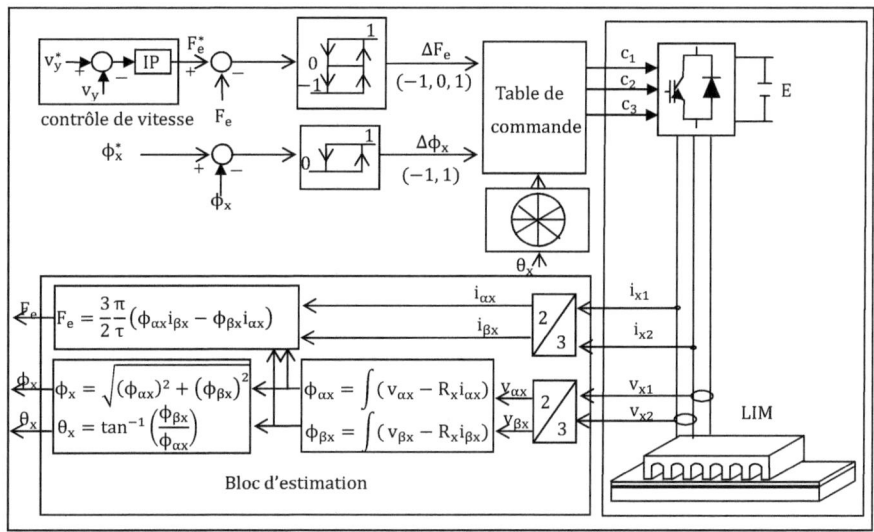

Figure 3.16 : *Architecture de la commande en CDF*

5.3. Résultats de simulation

Sur la figure 3.17 est consignée la forme du flux primaire soumis à un réglage non linéaire à structures variables dont l'hystérésis est fixée à 2% du flux nominal. On peut constater que le flux primaire évolue de façon symétrique à l'intérieur de l'hystérésis.

Sur la figure 3.18, on constate que le flux secondaire de la machine corrigée est plus intense que le flux secondaire de la machine de Duncan.

La figure 3.19 montre que les composantes des flux primaires et secondaires sont en quadrature et que les vecteurs flux suivent les références et décrivent des trajectoires circulaires. À partir de ces résultats, on montre que les effets d'extrémités ne modifient pas le flux primaire imposé. Cependant, le flux secondaire est influencé par ces effets.

La figure 3.20 montre que le courant primaire est quasi-sinusoïdal et qu'il ne varie qu'à partir de 500 ms, instant de l'application de la vitesse de référence. Ceci est dû à l'utilisation de la table de TAKAHASHI.

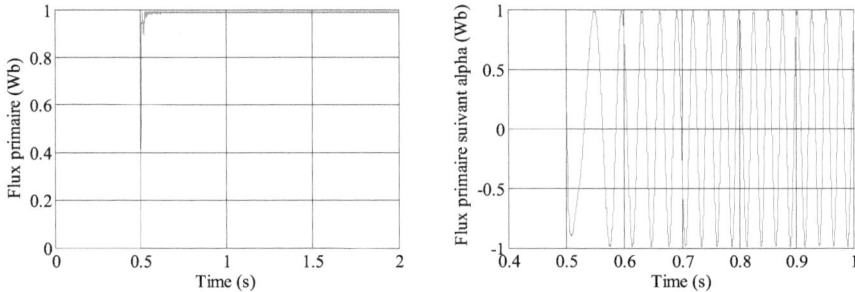

Figure 3.17 *: Flux primaires pour le CDF*

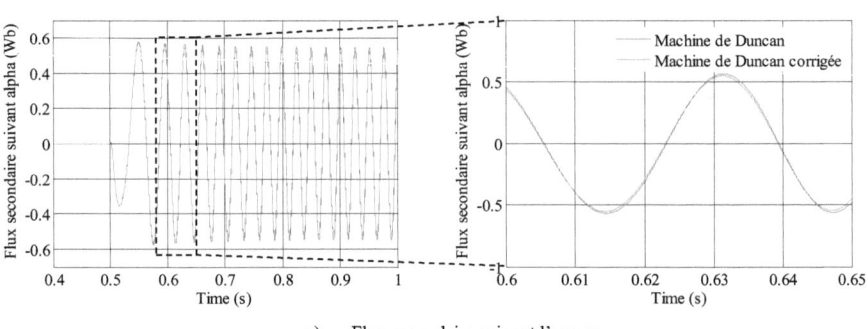

a)   - Flux secondaire suivant l'axe α

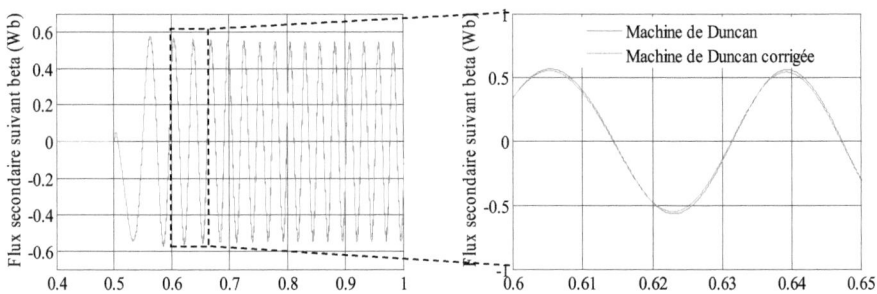

b) - Flux secondaire suivant l'axe β

Figure 3.18 : *Flux secondaires pour le CDF*

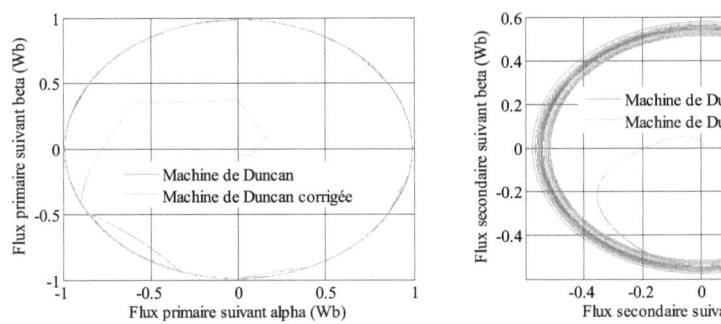

Figure 3.19 : *Trajectoires des flux*

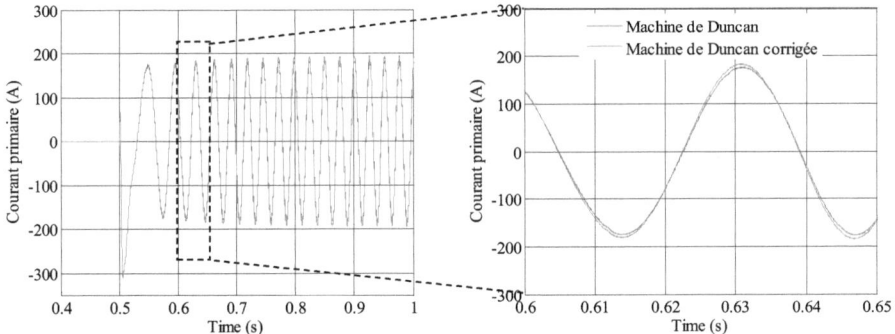

Figure 3.20 : *Courant primaire dans la phase 1*

La figure 3.21 expose la réponse en vitesse. Cette illustration met en exergue le comportement de la machine vis-à-vis l'application d'une charge de 1700N qui se manifeste par une chute maximale de vitesse de l'ordre de 5 % provoquant une durée du régime transitoire de 200 ms. Ces résultats montrent que le régulateur de vitesse agit bien en association avec le CDF de la machine linéaire à induction. Le régulateur de vitesse choisi est de type Intégral Proportionnel (IP).

Dans la même figure sont consignées les forces antagonistes. Avec la machine de Duncan, cette force est environ (-252.9 N) alors qu'avec la machine de Duncan corrigée elle devient (-385.3 N).

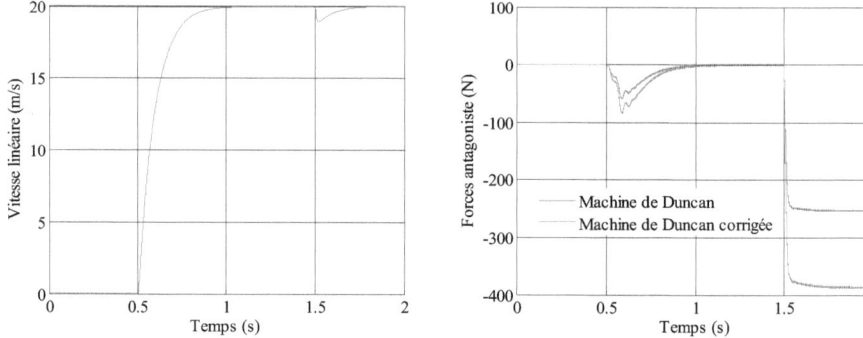

Figure 3.21 : *Vitesse et forces antagonistes*

Cette simulation confirme bien, lorsque nous utilisons la stratégie de TAKAHASHI, qu'il n'est pas possible de fluxer la machine à l'arrêt. Cette phase n'est réalisable que lorsque le moteur tourne.

Dans cette partie de chapitre, nous avons élaboré une commande basée sur le contrôle direct de la force produite par la LIM. Cette commande est fondée principalement sur la connaissance du flux primaire et de la force électromagnétique, et permet la génération des signaux de commande de l'onduleur directement selon une table de vérité. Elle offre une régulation très rapide et précise de la force et fournit une dynamique de réponse élevée.

Par ailleurs, cette commande CDF, et malgré ces avantages cités, présente un inconvénient majeur portant sur la non maîtrise de la fréquence de commutation de l'onduleur qui est dépendante du point de fonctionnement et souvent la source d'un bruit acoustique gênant généré au niveau du moteur surtout à basse vitesse où la fréquence de commutation moyenne de l'onduleur est très faible.

6. Développement d'une stratégie de compensation des effets d'extrémités

Dans l'approche de commande vectorielle basée sur l'orientation du flux secondaire, la variation du flux ϕ_{dy} est l'image des effets d'extrémités. Ceci se traduit par l'augmentation des courants primaires dans le repère (d, q). Donc, la compensation des effets d'extrémités revient à corriger la variation des courants primaires. Pour développer une stratégie de commande avec compensation, les courants i_{dx2} et i_{qx2} sont calculés en fonction du flux dû à ces effets (ϕ_{dy2}) qui est estimé en fonction de la vitesse linéaire et de la force de charge à l'aide d'un modèle neuronal. Une fois les courants, images des effets spéciaux, sont calculés on les utilise pour proportionner en conséquence l'action des différents régulateurs qui agissent pour rééquilibrer l'alimentation de la machine et compenser la chute de l'effort de poussée.

6.1. Idée de base de l'approche de compensation

Dans un MLSI, le flux secondaire suivant l'axe (d) est séparable en deux termes. Le premier est indépendant des effets d'extrémités, par contre le deuxième est fonction de ces effets. Ainsi, avec cette approche, la première composante concrétise le flux développé par un moteur à induction rotatif alors que la deuxième représente celui développé par une machine de force antagoniste opposant une atténuation de l'effort de poussée due à l'effet d'extrémités, [126].

$$\phi_{dy} = \phi_{dy1} + \phi_{dy2} \tag{3.68}$$

En développant l'expression (3.39), le courant (i_{dx}) peut être exprimé par la relation suivante :

$$i_{dx} = \frac{1+f(Q)}{L_m - L_y f(Q)}\phi_{dy} = \frac{1}{L_m}\phi_{dy} + \frac{\left(L_m+L_y\right)f(Q)}{L_m\left[L_m - L_y f(Q)\right]}\phi_{dy} \tag{3.69}$$

$$i_{dx} = \frac{1}{L_m}\phi_{dy1} + \frac{1}{L_m}\phi_{dy2} + \frac{\left(L_m+L_y\right)f(Q)}{L_m\left[L_m - L_y f(Q)\right]}\phi_{dy} = i_{dx1} + i_{dx2} \tag{3.70}$$

Avec :

$$i_{dx1} = \frac{1}{L_m}\phi_{dy1} \tag{3.71}$$

$$i_{dx2} = \frac{1}{L_m}\phi_{dy2} + \frac{\left(L_m+L_y\right)f(Q)}{L_m\left[L_m - L_y f(Q)\right]}\phi_{dy} \tag{3.72}$$

En utilisant l'équation (3.30), le courant primaire suivant l'axe (q) peut être exprimé par :

$$i_{qx} = \frac{2}{3}\frac{1}{P}\frac{\tau}{\pi}\frac{F_e}{\phi_{dy} - \left(\dfrac{l_y^2}{L_y}\right)\left\{\dfrac{f(Q)}{[1-f(Q)]}\right\}i_{dx}} \tag{3.73}$$

Une longue manipulation de l'équation (3.73), nous permet d'écrire :

$$i_{qx} = \frac{2}{3} \frac{1}{P} \frac{\tau}{\pi} \frac{F_e}{\phi_{dy1}} + \frac{2}{3} \frac{1}{P} \frac{\tau}{\pi} F_e \left\{ \frac{\phi_{dy2}}{\phi_{dy} \left(\phi_{dy} - \phi_{dy2} \right)} + \frac{Ai_{dx}}{\phi_{dy} \left[\phi_{dy} - Ai_{dx} \right]} \right\} = i_{qx1} + i_{qx2} \tag{3.74}$$

Avec :

$$A = \frac{l_y^2}{L_y} \frac{f(Q)}{1 - f(Q)} \tag{3.75}$$

$$i_{qx1} = \frac{2}{3} \frac{1}{P} \frac{\tau}{\pi} \frac{F_e}{\phi_{dy1}} \tag{3.76}$$

$$i_{qx2} = \frac{2}{3} \frac{1}{P} \frac{\tau}{\pi} F_e \left\{ \frac{\phi_{dy2}}{\phi_{dy} \left(\phi_{dy} - \phi_{dy2} \right)} + \frac{Ai_{dx}}{\phi_{dy} \left[\phi_{dy} - Ai_{dx} \right]} \right\} \tag{3.77}$$

Remarquons aussi que les courants primaires (i_{dx} et i_{qx}) sont également séparables en deux composantes : la première, indiquée par l'indice 1, est indépendante des effets parasites alors que la deuxième, repérée par l'indice 2, est fonction de ces effets. Les courants dus aux effets d'extrémités (i_{dx2} et i_{qx2}) sont exprimés en fonction de la variation du flux secondaire (ϕ_{dy2}). Les composantes (i_{dx2} et i_{qx2}) sont reconstituées en temps réel par une estimation de ϕ_{dy2} qui peut être réalisée judicieusement par l'utilisation des réseaux de neurones.

6.2. Modèle neuronal pour l'estimation de ϕ_{dy2}

L'avantage de l'utilisation des réseaux de neurones apparaît lorsqu'on les compare à des approximateurs plus conventionnels de type polynomiaux par exemple. Pour ces derniers, le nombre de coefficients à déterminer pour un problème donné augmente avec le degré du polynôme. Pour un calcul en temps réel de la variation du flux secondaire, le nombre d'exemples d'apprentissage est assez important. Le nombre nécessaire pour obtenir une précision donnée est proportionnel au nombre de coefficient à ajuster dans le polynôme, cela peut conduire à des tailles prohibitives pour la base d'apprentissage. Les réseaux de neurones échappent à ce problème du fait que le nombre de connexions varie linéairement en fonction de la dimension du vecteur d'entrée.

Le réseau de neurones développé pour l'estimation de ϕ_{dy2} est à propagation directe appelé. Il possède une couche d'entrée, une couche cachée dont la fonction d'activation est de type sigmoïde et une couche de sortie dont l'activation est de type linéaire bornée, figure 3.22. L'évolution du gradient de la fonction coût par rapport aux poids dans ce réseau de neurones multicouches s'effectue à l'aide de l'algorithme de rétro-propagation du gradient.

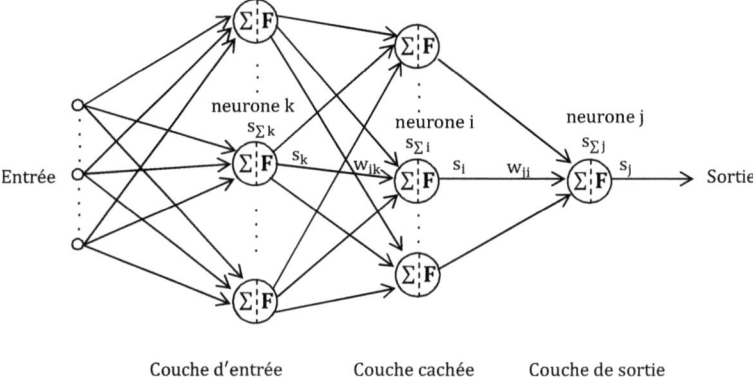

Couche d'entrée   Couche cachée   Couche de sortie

Figure 3.22 *: Réseau de neurone à une couche cachée*

6.3. Stratégie de réglage

La figure 3.23 présente le schéma bloc de la régulation de vitesse avec compensation des effets d'extrémités exploitable dans la commande à vectorielle à flux secondaire orienté. Les principaux constituants de ce schéma bloc sont : les blocs d'estimation des variations des courants primaires, le modèle neuronal permettant d'évaluer la variation du flux secondaire en fonction de la vitesse ainsi qu'en fonction de la force de charge, la boucle de régulation de vitesse, celles des courants (i_{dx}) et (i_{qx}) et les transformations directe et inverse. La vitesse est régulée à travers une boucle externe. En parallèle avec cette cascade de régulation, on trouve la boucle de régulation de (i_{dx}).

Le courant i_{dx} de référence est calculé à partir du flux à imposer. Ce flux correspond à sa valeur nominale du fait que le fonctionnement est en régime de sous-vitesse. Une fois les courants de référence i_{dx}^* et i_{qx}^* sont calculés avec considération des effets d'extrémités, des blocs de sommation permettent d'avoir les courants primaires de références.

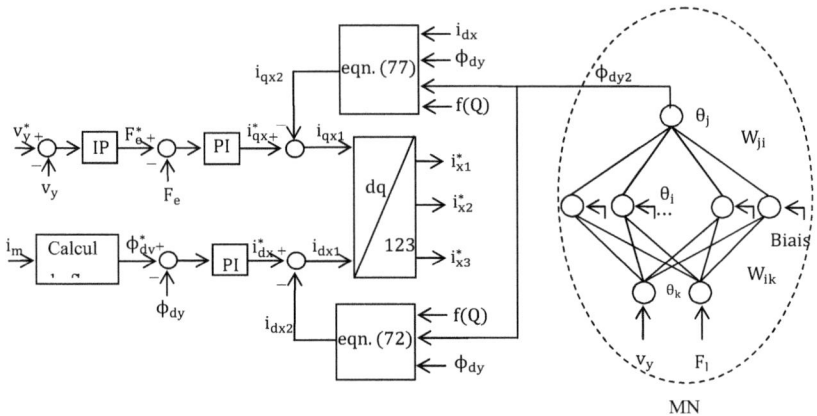

Figure 3.23 : Organisation fonctionnelle de la commande avec compensation des effets d'extrémités

6 .4. Résultats de simulation et discussion

La figure 3.24 montre l'évolution des variations du flux secondaire et du courant (i_{dx}) en fonction de la vitesse ainsi qu'en fonction de la force de charge. Cette figure indique que le flux secondaire dû aux effets d'extrémités reste insensible à la charge et que le courant (i_{dx2}), évalué à partir de la variation du flux, évolue en fonction de la vitesse et reste insensible à la force de charge.

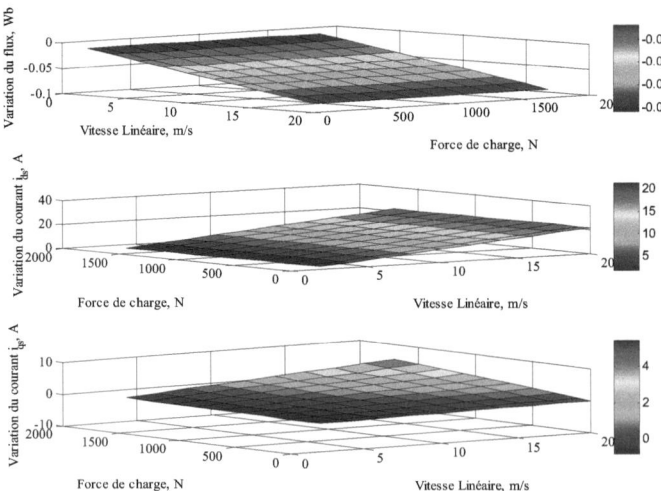

Figure 3.24 : Variations dues aux effets d'extrémités et de bords

Sur la même figure, on a représenté la variation du courant (i_{qx}) en fonction de la vitesse et de la force de charge. Cette variation est moins importante que celle du courant (i_{dx}) (à charge nominale pas d'augmentation pour $v_y = 2\ m/s$ et elle est environ 16% pour $v_y = 20\ m/s$). Cette situation s'explique naturellement par le fait que l'influence des effets d'extrémités est plus importante sur les grandeurs suivant l'axe (d).

Les allures des courants et des flux consignées dans la figure 3.25, montrent qu'avec compensation des effets d'extrémités, la machine linéaire se comporte identiquement à celle rotative et par conséquent les performances de la machine étudiée sont améliorées. Néanmoins, sur la figure représentant les composantes de la force de poussée développées par la machine étudiée, on remarque que la force due aux effets d'extrémités (F_{e2}) n'est pas parfaitement neutralisée. Les résultats obtenus par simulation montrent qu'avec compensation le découplage est bien assuré.

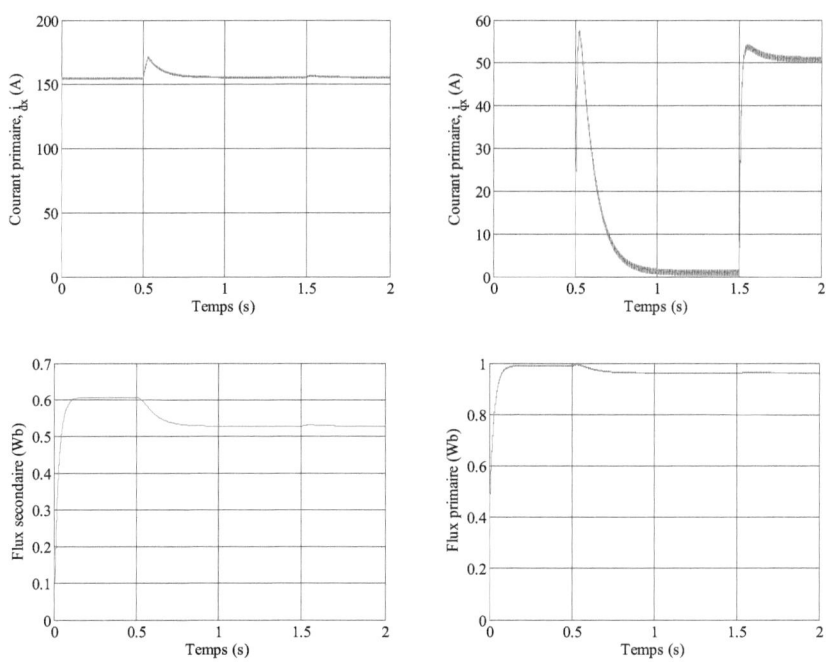

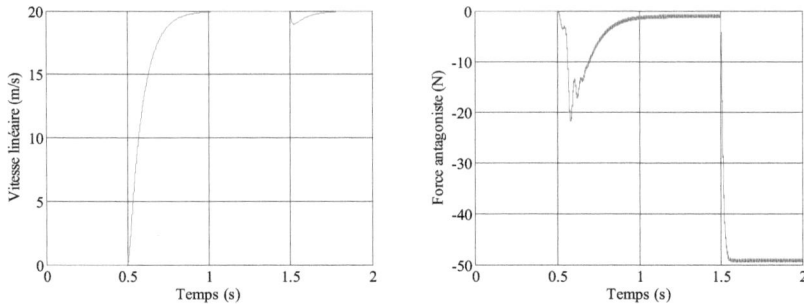

Figure 3.25 : *Réponse de la MLSI avec compensation des effets d'extrémités*

Dans cette partie de ce chapitre, nous avons montré que les effets d'extrémités dans une machine linéaire à induction sont l'image de la variation des composantes des courants primaires et du flux secondaire, et que ces effets peuvent être réduits dans de larges proportions en agissant sur la commande pour rééquilibrer l'alimentation.

7. Conclusion

Ce chapitre a été élaboré pour aboutir en première étape à une modélisation plus fine des effets d'extrémités et de bords qui caractérisent ce type de machine. Le facteur modélisant ces effets a été estimé à partir de la méthode des éléments finis 3D.

Les développements de la deuxième partie de ce chapitre consistaient principalement à l'élaboration d'approches de commande de la machine linéaire avec considération des effets d'extrémités. Dans ce cadre, un premier concept de commande vectorielle à flux secondaire orienté a été développé où l'autopilotage a permis d'aligner ce flux avec l'axe (*d*) du référentiel de Park ce qui à permis de quantifier la force antagoniste due aux effets d'extrémités. Toutefois, les performances de cette approche sont largement liées aux fluctuations des paramètres de la machine.

Pour palier ce manque de robustesse, une seconde approche de commande vectorielle à flux primaire a été proposée. Cette approche permet de quantifier les effets d'extrémités et de bords dans un MLSI. Néanmoins, dans les commandes vectorielles à flux orienté on agit sur grandeurs moyennes ce qui influe sur la dynamique du MLSI.

Pour accélérer la dynamique de réponse de la MLSI, une troisième approche repose sur un contrôle direct de la force a été élaborée. Cette approche permet également la quantification des effets d'extrémités et de bords.

Conclusion Générale

Le développement d'approches de modélisation analytique et par MEF 2D et 3D ainsi que l'élaboration de concepts de commande pour le pilotage de la machine linéaire à induction avec compensation des effets d'extrémités et de bords, constituent les principales contributions présentées dans ce travail de recherche.

En effet, même s'il semble pénalisé par la présence d'effets spéciaux comparativement à son homologue rotatif, le moteur linéaire à induction est spécialement bien adapté pour assurer des tâches où le mouvement linéaire est nécessaire. Le développement récent et rapide des chaines de transport a accentué l'utilisation de ce type de machine ne nécessitant pas de maintenance et qui est caractérisé par un prix compétitif devant celui de l'ensemble moteur rotatif et organe de transformation du mouvement.

Dans le cadre de ce mémoire, nous avons commencé par une étude comparative entre la machine linéaire à induction et celle à structure cylindrique et nous avons choisi et présenté le moteur à simple induction, parmi les différentes structures possibles du moteur linéaire, qui semble être le plus utilisé. En suite, nous avons développé des modèles analytiques de la machine linéaire à induction avec considération des effets d'extrémités et de bords. La méthode analytique de Duncan consiste à introduire les effets dus à la structure linéaire en modifiant la branche de magnétisation. En dégageant les inconvénients de ce modèle, nous avons étudié une autre approche de modélisation basée sur la méthode de couches. Les paramètres du circuit équivalent sont calculés à partir des champs magnétiques en 2D et les effets longitudinal et transversal sont introduits empiriquement à travers de coefficients de correction apportés aux conductivités des couches du secondaire. Ainsi, dans ce modèle on tient compte de la saturation magnétique et des pertes fer et d'hystérésis. Les résultats de simulation, issus de la méthode de couches, ont été présentés et validés par comparaison à des résultats de test et de simulation publiés dans des références de renommée. En fin, on a envisagé l'amélioration de la méthode de Duncan. Les variations des paramètres du secondaire ont été calculées hors ligne à l'aide des surfaces de réponse tridimensionnelles et utilisées dans le modèle de Duncan. Les résultats obtenus ont montré que ce modèle est largement amélioré.

Les approches de modélisation analytiques ne peuvent tenir compte entièrement de tous les phénomènes qui interagissent au cours du fonctionnement des machines linéaires à induction. Donc, nous nous somme intéressé à modéliser la machine linéaire par la MEF en tenant compte du mouvement du secondaire, des effets longitudinal et transversal et des phénomènes magnétiques non linéaires. En vue d'établir le modèle de la machine adoptée, une analyse par éléments finis 2D et 3D avec matériaux non linéaires est faite afin de déterminer les performances de cette machine. Le modèle de la LIM a été implanté en respectant certaines précautions telles que le choix de domaine d'étude, le choix des matériaux et le choix des conditions aux limites. Ces précautions sont indispensables dans un régime transitoire. Les résultats obtenus sont comparés à ceux obtenus par les méthodes analytiques et ils montrent une amélioration considérable du modèle de la LIM.

Pour utiliser la MLSI dans des entraînements à vitesse variable, nous avons développé des stratégies de commande pour le pilotage de ce type de machine. Ces développements ont débuté par la détermination, moyennant la MEF 3D, d'un facteur caractérisant les effets d'extrémités et de bords. L'idée a consisté à combiner des approches de modélisation analytique et numérique afin d'exploiter leurs avantages et de les rendre complémentaires et d'aboutir à un modèle de commande représentant le comportement réel de la machine linéaire à induction. La quantification de ce facteur a rassemblé aussi bien la traction à vitesse variable que la traction à charge variable. Une base de données a été ainsi établie et a conduit, par des interpolations adéquates, à la définition de ce facteur modélisant les effets de géométrie. L'exploitation de cette méthodologie de modélisation a conduit à la quantification de la dégradation de l'effort de poussée axial provoquée par les effets d'extrémités et de bords. Autour de cette approche de modélisation a été bâti des concepts de commande avec considération des effets d'extrémités et de bords. Ces concepts reposent sur les techniques de commande vectorielle et de contrôle direct de la force. La validation de ce concept a été menée par simulation et les résultats obtenus confirment bien l'efficacité de cette approche. Avec cette approche la machine globale peut être structurée en deux machines. Une machine principale développant la force de poussée axiale et une machine secondaire produisant une force antagoniste due aux effets d'extrémités et de bords. La résultante de ces deux poussées concrétise l'effort communiqué à la charge.

Pour améliorer davantage les performances des chaînes d'entraînement à vitesse variable des machines linéaires à induction, nous avons développé d'autres stratégies de commande non sensibles à la variation des paramètres du secondaire due aux particularités du moteur étudié. A savoir une commande basée sur l'orientation du flux primaire et l'autre fondée sur le contrôle direct de la force.

A l'issue des travaux effectués, plusieurs perspectives se dégagent, à savoir une étude approfondie et détaillée des problèmes liés à l'échauffement des différentes parties, une optimisation de temps de calcul et de l'espace de mémoire utilisée pour le développement des surfaces de réponse à partir de la MEF 3D et une validation expérimentale des approches de commande développées.

Bibliographie

[1] R. Ghislain, "*Commande Optimisée d'un Actionneur Linéaire Synchrone pour un axe de positionnement rapide*", Thèse de Doctorat en Génie Electrique, École Nationale Supérieure d'Arts et Métiers, Lille, 2007.

[2] M.A. Nasr Khoidja, "*Contribution à la conception, la réalisation et la commande d'un moteur linéaire à induction*", Thèse de Doctorat en Génie Electrique, ENIT, Tunis, 2007.

[3] J.F. Gieras, "*Linear Induction Drives*", Oxford, U. K., Clarendon Press, 1994.

[4] Favre, D. Brunner et C. Plaget, "*Principes et applications des moteurs linéaires*", La Revue J'automatise, N° 9, Mars 2000.

[5] M. Poloujadoff, "*The theory of linear induction machinery*", Clarendon Press, Oxford, 1980.

[6] M. Kant, "*Moteurs électriques à mouvements linéaire et composé*", Technique de l'Ingénieur traité Génie Electrique, D3700, pp.1-13, 2004.

[7] E.R. Laithwaite, "*Linear electric machines a personal view* ", Proc. IEEE, vol. 63, N° 2, pp 250-290, Febr. 1975.

[8] N. Wavre, "*Etude harmonique tridimensionnelle des moteurs linéaires asynchrones à bobinages polyphasés quelconques*", Thèse de Doctorat en Génie Electrique, EPFL, Lausanne 1975.

[9] G. Jinlin, "*Modélisation et Conception Optimale d'un Moteur Linéaire à Induction Pour Système de Traction Ferroviaire*", Thèse de Doctorat en Génie Electrique, Ecole Centrale de Lille, France, 2011.

[10] P.B. Sarveswara, "*Design of a single sided linear induction motor (slim) using a user interactive computer program*", Master of Science, faculty of the Graduate School University of Missouri, Columbia, 2005.

[11] J. Gieras and P. Jerry, "*The Induction Machine Handbook*", CRC Press LLC, 2002.

[12] B. Alain, "*Etude Critique de modèles du moteur Linéaire à Induction*", Thèse de Doctorat d'Etat en Sciences, Institut National Polytechnique, 1984.

[13] C. Samuel, "*Comparative study and selection criteria of linear motors*", Thèse de Doctorat en Sciences, Ecole Polytechnique Fédérale de Lausanne, 2006.

[14] R. Rinkevičienė, A. Smilgevičius, "*Linear Induction Motor at Present Time*", Electronics and Electrical Engineering, ISSN 1392 – 1215, N° 6, pp. 3-8, 2007.

[15] R.J.A. Bevan, and G. Kalman, "*Non-uniform power distribution in linear induction motors due to end effects*", IEEE Trans. Power Appar. Syst., vol. PAS-98, N° 5, pp. 1516-1521, sept/Oct 1979.

[16]   G.H. Abdou and S. A. Sherif, *"Theoretical and Experimental Design of LIM in Automated Manufacturing Systems"*, IEEE Trans. Ind. Applicat., vol. 17, N° 2, pp. 286-293, March/April 1991.

[17]   R.P. Bhatia, and D.R. Snider, *"Thrust Expressions for Induction Motors with Thin Conducting Secondaries"*, IEEE Trans. Magn., vol. 26, N° 2, pp. 1101-1106, March 1990.

[18]   M.J. Saint, *"Bobinages des machines tournantes à courant alternatif"*, Techniques de l'ingénieur, traité Génie Electrique, D 3420, pp. 3-5, 1991.

[19]   W.J. Gibbs, *"Theory and design of eddy current slip couplings"*, BEAMA Journal, vol. 53, pp. 123-219, 1946.

[20]   K. Idir, G.E. Dawson, and A.R. Eastham, *"Modeling And Performance of Linear Induction Motor with Saturable Primary"*, IEEE Trans. Ind. Applicat., vol. 29, N° 6, pp. 1123-1128, November/December 1993.

[21]   A. Hassanpour Isfahani, B. M. Ebrahimi, and H. Lesani, *"Design Optimization of a Low-Speed Single-Sided Linear Induction Motor for Improved Efficiency and Power Factor"*, IEEE Trans. Magn., vol. 24, N° 2, pp. 266-272, February 2008.

[22]   H. Mansour, *"Approches de modélisation et de commande de la machine linéaire à induction avec considération de l'effet de bords"*, Mémoire de mémoire de Mastère, ENIT, 2008.

[23]   T.A. Lipo, and T.A. Nondahl, *"Pole-by-pole d-q model of a linear induction machine"*, IEEE Trans. Power Appar. Syst., vol. PAS-98, N° 2, pp. 629-642, March/April 1979.

[24]   J. Faiz, and H. Jafari, *"Accurate Modeling of Single-Sided Linear Induction Motor Considers End Effect and Equivalent Thickness"*, IEEE Trans. Magn., vol. 36, N° 5, pp. 3785-3790, September 2000.

[25]   J.F. Gieras, A.R. Eastham, G.E. Dawson, *"A New Longitudinal End Effect Factor for Linear Induction Motors"*, IEEE Trans. Ener. Conver., vol. EC-2, N° 1, pp.152 -159, March 1987.

[26]   G.H. Abdou and S.A. Scherif, *"Teorical and exprimental design of LIM in automated manufacturing systems"*, IEEE Trans. Ind. Applicant, vol. 27, pp. 286-293, Mar/Apr 1991.

[27]   J. Jamali, *"End Effet in Linear Induction and Rotating Electrical Machines"*, IEEE Transaction on Energy conversion, vol. 18, N° 3, September 2003.

[28]   V. Delli Colli, V. Isastia, S. Meo, M. Scarano: *"One and two dimensional numerical codes for linear induction machines"*, (invited paper) Proc. of International Conference on Software for Electrical Engineering Analysis and Design ELECTROSOFT99, 17-19/09/99, Siviglia, Spain.

[29]   T.A. Nondahl and D.W. Novotny, *"Three-phase pole by-pole model of a linear induction machine"*, IEE Proc. Elect. Power Appl., 127, N° 2, pp. 68-82, 1980.

[30]   N. Wavre, *"Modélisation électromagnétique et thermique des moteurs à induction, en tenant compte des harmoniques d'espace"*, Thèse de Doctorat en Génie Electrique,

Institut National Polytechnique de Lorraine, 2004.

[31]   G. Gentile and S. Meo, "*direct thrust control of linear induction machines taking into account end-effects*", 15th International Conference on Electrical Machines - ICEM 2002 - Brugge Belgium, 25-28 August, 2002.

[32]   B.I. Kwon, K.I. Woo and S.C. Park, "*Analysis for Dynamic Characteristics of Single-Sided Linear Induction Motor Having Joints in the Secondary Conductor and Back-Iron*", IEEE transactions on Magnetics, vol. 36, N° 4, pp. 823-826, July, 2000.

[33]   M.A. Nasr Khoidja, Ben B. Salah et P. Brochet, "*Analyse par Eléments Finis du Comportement Dynamique d'une Machine Linéaire à Induction*", International Conference on Electrical Engineering (CEE'2006), pp.421-425, Algeria, 7-8 November 2006, Proceedings ISBN: 9947-0-1162-3, CDROM Proceedings ISBN: 9947-0-1493-2.

[34]   M.A. Nasr Khoidja, "*Conception et Modélisation d'un Moteur Linéaire à Induction*", Mémoire de DEA, ENIT, 2003.

[35]   M.A. Nasr Khoidja, K. Ben Saad, B. Ben Salah, F. Gillon, M. Benrejeb et P. Brochet, "*Etude par la méthode des éléments finis d'un moteur linéaire à induction en régime statique*", Conférence Tunisienne de Génie électrique (CTGE'04), Tunis, pp.245-250, 20-21 Février 2004.

[36]   J.S. Michel, "*Bobinages des machines tournantes à courant alternatif*", Techniques de l'ingénieur, traité Génie Electrique, D 3420, pp. 3-5, 1991.

[37]   R.H. Manno, and D.E. Galvan, "*Direct Force control for a three-Phase Doubled Sided Linear Induction Machine with transverse Magnetic flux*", 28th Annual IEEE Conference of the Industrial electronics Society , IECON 2002, vol.4, pp. 2826-2831, November 2002.

[38]   J.F. Gieras, A.R. Eastham and G.E. Dawson, "*The Influence of Secondary Solid Ferromagnetic Plate Thickness on the Performance of Single-Sided Linear Induction Motors*", Electric Machines and Power Systems, N° 10, pp. 67-77, 1985.

[39]   J.F. Gieras, "*Three-dimensional multilayer theory of induction machines and drives*", Acta Technica CSAV, N° 5, 525-48, 1985.

[40]   A. Gastli, "*Improved Field Oriented Control of a LIM Having Joints in its Secondary Conductors*", IEEE Transactions on Energy Conversion, vol. 17, N° 3, pp. 349-355, September, 2002.

[41]   T.W. Preston, A.B.J. Reece and P.S. Sangha, "*Induction motor analysis by time stepping techniques*", IEEE Transactions on Magnetics, vol. 24, N° 1, pp. 471- 473, January 1988.

[42]   H. Yee "*Effects of finite length in solid-rotor induction machines*", Proceedings IEE, vol. 118, pp. 1025- 1033, 1971.

[43]   H. Kometani, S. Sakabe and A. Kameari, "*3-D analysis of induction motor with skewed slots using regular coupling mesh*", IEEE Transactions on Magnetics, vol. 36, N° 4, pp. 1767-1773, July 2000.

[44]   Y. Maréchal, G. Meunier, J.L. Coulomb and H. Magnin, "*A general purpose tool for restoring inter- element continuity*", IEEE Transactions on Magnetics, vol. 28, N° 2, pp. 1728-1731, March 1992.

[45]   D. Rodger, H.C. Lai and P.J. Leonard, "*Coupled elements for problems involving movement*", IEEE Transactions on Magnetics, vol. 26, pp. 548-550, N° 2, March 1990.

[46]   R. Kechroud, R. Ibtiouen, S. Mezani, O. Touhami and B. Laporte, "*Modeling of a slotless permanent magnet machine with motion consideration*", Archives of Electrical Engineering, vol. XLIX, N° 3-4, pp. 377-393, 2000.

[47]   J. Duncan, and C. Eng, "*Linear induction motor-equivalent-circuit model*", IEE Proc., vol. 130, Pt. B, N° 1, pp. 51-57, January 1983.

[48]   G. Kang, and K. Nam, "*Field-oriented control scheme for linear induction motor with the end effect*", IEE Proc.-Electr. Power Appl., vol. 152, N° 6, pp.1565-1572, November 2005.

[49]   J.H. Sung and K. Nam, "*A New Approach to Vector Control for Linear Induction Motor Considering End Effects*", IEEE IAS annual meeting, pp.2284-2289, October 3-7, 1999 Phoenix, Arizona.

[50]   A.K. Rathore and S.N. Mahendra, "*Simulation of Secondary Flux Oriented Control of Linear Induction Motor Considering Attraction Force & Transverse Edge Effet*", IEEE, Conference CIEP, pp. 158-163, 2004.

[51]   H. Mansour, N.K. Med Ali and B.S. Boujemâa, "*Influence of the Secondary Parameters Variation on Performances for Linear Induction Motors Considering End Effects*"; 6th International Conference on Electrical Systems and Automatic Control, JTEA'2010.

[52]   J.F. Gieras, G.E. Dawson, and A.R. Eastham, "*Performance Calculation for Single-Sided Linear Induction Motors with a Double-Layer Reaction Rail Under Constant Current Excitation*", IEEE Trans. Magn., vol. MAG-22, N° 1, pp. 54-62, January 1986.

[53]   H. Mansour, N.K. Med Ali and B.S. Boujemâa, "*Performance Calculation for Linear Induction Motors Considering End Effects with a New Method*", International Review of Automatic Control (IREACO), code ISSN 1974-6059, Vol. 3, N° 3, pp. 226-237, May 2010.

[54]   J.C. Sabonnadière et J.L. Coulomb, "*CAO en Electrotechnique*", Hermes Publishing, 1985.

[55]   G.W. McLean, "*Review of Recent Progress in Linear Induction Motors*", IEE Proceedings, vol. 135, Pt.B, N° 6, pp. 380-421, November 1988.

[56]   A.T. Brahimi, "*Contribution à la modélisation de la machine asynchrone à cage par logiciels d'Eléments Finis 2D et 3D*", Thèse de Doctorat de l'ENPG, Grenoble, France, 1992.

[57]   G.E. Dowson, A.R. Eastham, J.F. Gieras, R. Ong and K. Ananthasivan, "Design of Linear Induction Drives by Field Analysis and Finite Element Technique", IEEE Transaction on Industry Applications, vol. 22, N° 5, pp. 865-873, September/October 1986.

[58]   L. Mokrani, "*Contribution à la CAO Optimisée des Machines Électriques, Application au Moteur Linéaire à Induction*", Thèse de Doctorat d'état en Électrotechnique, option Machines Électriques, Université de Batna, Faculté des Sciences de l'Ingénieur, Algérie, 2005.

[59]   R.L. Russel and K.M. Norsworthy, "*Eddy Curents and wall Losses in screened rotor induction*", Proceedings IEE, 150A, pp. 163-175, 1958.

[60]   J.F. Giears, G.E. Dawson and A.R. Easthan, "*Performance calculation for single-sided linear induction motor with a double-layer reaction rail*", IEEE Trans. On Magnetics, vol. MAG-22, pp. 54-62, 1986.

[61]   G. Ciumbulea and N. Galan, "*Integrated systems with linear synchronous motors propulsion and levitation forces*", SPEEDAM2000, symposium on Power, Electronics, Electrical Drives, Automation & Motors, pp. A211-216, Ischia 2000.

[62]   M.A. Nasr Khoidja, B. Ben Salah and P. Brochet, "*Modelling, Control and Analysis of a Linear Induction Motor*", International Conference on Electrical and Electronic Engineering (LAICEEE'06), Tripoli, pp. 269-279, 20-23 March 2006.

[63]   M.A. Nasr Khoidja, "*Conception et Modélisation d'un Moteur Linéaire à Induction*", Mémoire de DEA, ENIT, 2003.

[64]   R.M. Pai, "*Polyphase linear induction motors with non-magnetic secondaries: a review on longitudinal-end and transversal-edge effects*", Machines and Power Systems, vol. 15, pp. 73-80, Hemisphere Publishing Corporation, 1988.

[65]   H. Djemai, "*Contribution à l'amélioration des Performances d'un Moteur Linéaire*", Thèse de Doctorat d'état en Génie Electrique, Université de Batna, Faculté des Sciences de l'Ingénieur, Algérie, 2007.

[66]   H. Mansour, N.K. Med Ali and B.S. Boujemâa, "*Obtaining of the Linear Induction Motor Performances Including End Effects by Different Methods*", 6th International Conference on Electrical Systems and Automatic Control, JTEA'2010.

[67]   V. Birasak, "*The Single Phase Travelling Wavelinear Induction Motor*", Doctor of Philosophy in Electrical Engineering in the University of Canterbury, Christchurch, New Zealand, 1979.

[68]   M.A. Panasenkov, "*Electromagnetic calculations of devices with nonlinear distributed parameters*", Energia, Moscow, 1971.

[69]   G. Bucci, S. Meo and M. Scarano, "*The control of LIM by a generalization of standard vector techniques*", in conf. Rec, IEEE-IAS annual meeting, pp. 623-626, 1995.

[70]   C.V. Dellei and M. Scarano, "*Validation test of mathematical model of LIM with discontinuity in reaction sheet*", SPEEDAM 2000, Symposium on Power, Electronics, Electrical Drives, Automation & Motors, pp. A231-236, Ischia, 2000.

[71]   R. Kechroud, "*Contribution à la modélisation des machines électriques par la méthode des éléments finis associée aux multiplicateurs de Lagrange*", Thèse de Doctorat ès Sciences, École Nationale Polytechnique d'Alger (Algérie), Avril 2002.

[72]   E.B. Dos Santos, J.R. Camacho, L.M. Neto and R.S.T. Pontes, "*Linear Induction Motor Parameter Determination Method*", Proc. COBEP99, Brazil, 1999.

[73]   A. Gastli, "*Primary flux oriented control applied to linear induction motors drives*", ICCCP 2001, International Conference on Communication, Computer & Power, pp. 153-158, Muscat, 2001.

[74]   I.M. Martinez, A.G. Rico and J. Flórez, "*Control Strategies for Linear Induction Motors*", Proceedings of 4th International Symposium on Linear Drives for Industry Applications, LDIA 2003, Birmingham, UK, 8-10 September 2003.

[75] Y. Mori, S. Torii and D. Ebihara, "*End Effect Analysis of Linear Induction Motor Based on Wavelet Transform Technique*", IEEE Transactions on Magnetics, vol. 35, N° 5, pp. 3739-3741, September 1999.

[76] Pozueta et J.S. Feito, "*Analyse au moyen d'éléments finis d'un moteur linéaire à induction avec bobinage discret et relié à une source de tension constante*", La Revue Roumainaise des Sciences et des Techniques : électrotechnique et énergétique, vol. 3, N° 4-1988, pp. 369-383.

[77] A.K. Rathore, "*Modeling, Simulation & Analysis of Linear Induction Motor Drive*", Master of technology in Electrical Engineering, Institute of Technology Banaras Hindu University, India, 2003.

[78] H.C. Lai, D. Rodger and P.J. Leonard, "*Coupling meshes in 3D problems involving movements*", IEEE Transactions on Magnetics, vol. 28, N° 2, pp. 1732-1734, March 1992.

[79] I. Shinlu and Y. Hashimoto, "Some Considerations on the Reduction of a Noise in a LIM", IEEE transactions on magnetics, vol. 32, N° 5, pp. 5031-33, September 1996.

[80] N. Sakutaro and H. Tsuyoshi, "*Design of Single-Sided Linear Induction Motors for Urban Transit*", IEEE transactions on vehicular tfchnology, vol. 37, N° 3, pp. 167-173, AUGUST 1988.

[81] Junfei Han, "*Dynamic Characteristics Study of Single-Sided Linear Induction Motor with Finite Element Method*", International Conference on Advanced Intelligent Mechatronics, July 2-5, Xi'an, China, pp.439-444, 2008.

[82] M.A. Nasr Khoidja and B. Ben Salah, "*Design, Modelling and Control for a Linear Induction Motor*", International Review of Electrical Engineering (I.R.E.E.), code ISSN 1827-6660, Vol. 2, N° 3, pp. 414-424, May-June 2007.

[83] K. Adamiak, J. Mizia, G.E. Dawson and A.R. Eastham, "*Finite Element Force Calculation in Linear Induction Machine*", IEEE Transactions on Magnetics, vol. MAG-23, N° 5, pp. 3005-3007, September 1987.

[84] J.C. Sabonnadière, "*Conception Assistée par ordinateur (CAO) en Génie Electrique*", Techniques de l'Ingénieur, D 3585, pp. 1-22, 1993.

[85] J.C. Sabonnadière et J.L. Coulomb, "*Eléments Finis et CAO en Electrotechnique*", Traité des nouvelles Technologies, Série Assistance Par Ordinateur (XAO), Hermes Publishing, 1986.

[86] K.M. Bijoy, S. Mainak, D. Soumitra and S. Aparajita, "*Design, Fabrication, Testing and Finite Element Analysis of Lab-scale LIM*", IEEE India annual conference, Indican, pp. 286-289, 2004.

[87] P.P. Silvester and R.L. Ferrari, "*Finite Elements Method for Electrical Engineers*", Cambridge University Press, 2nd Edition, 1991.

[88] M.N.O. Sadiku, "*Numerical Techniques in Electromagnetics*", CRC Press, 1992.

[89] M. Kant et R. Bonnefille, "*Moteur linéaire à induction*", Technique de l'ingénieur, traité Génie Electrique, D 551, pp. 2-6, 2001.

[90] T. Nakata, N. Takahachi and K. Rujiwara, "*Physical meaning of Gradϕ in Eddy Current Analysis Using Magnetic Vector Potential*", IEEE on Magnetics, vol. 24, N° 1, pp. 178-181, January 1988.

[91]   I. Boldea and M. Babescu, *"Multilayer Approach to the Analysis of Single-Sided Linear Induction Motors"*, In proccedings of IEE, vol. 125, pp. 283-267, 1978.

[92]   H. Mansour, N.K. Med Ali and B.S. Boujemâa, *"Characterization of end effects of single-sided linear induction motor by analytical and numerical methods"*, 8th International Multi-Conference on Systems, Signals & Devices; 2011.

[93]   B. El Manâa, H. Mansour, B.S. Boujemâa, *"Design of a Double Stator LSRM with Improvements in the Mobile Structure"* First International Conference on Renewable Energies and Vehicular Technology, REVET'2012, pp. 194-198.

[94]   B. Davat, Z. Ren and M. Lajoie-Mazenc, *"The movement in field modeling"*, IEEE Transactions on Magnetics, vol. 21, N° 6, pp. 2296-2298, November 1985.

[95]   S.R.H. Hoole, *"Rotor motion in the dynamic finite element analysis of rotating electrical machinery"*, IEEE Transactions on Magnetics, vol. 21, N° 6, pp. 2292-2295, November 1985.

[96]   E. Vassent, G. Meunier, A. Foggia and J.C. Sabonnadière, *"Simulation of induction machine operation with step-by-step finite element method coupled with mechanical equation"*, Modelling and Control of Electrical Machines: New Trends, IMACS'91, pp. 41-46.

[97]   Dal-Ho Im and Chang-Eob Kim, *"Finite Element Force Calculation of a Linear Induction Motor Taking Account of the Movement"*, *IEEE Trans. Magn.*, vol. 30, N° 5, pp. 3495-3498, September 1994.

[98]   M. Smaïl, *"Modelisation electromagnetique et thermique des moteurs a induction, en tenant compte des harmoniques d'espace"*, Thèse de Doctorat, École Nationale Polytechnique de Lorraine, Juillet 2004.

[99]   G. Datt et G. Touzot, *"Une présentation de la méthode des Eléments Finis"*, Maloine S.A. Editeur Paris, 2ème Edition, 1984.

[100] P.P. Silvester and R.L. Ferrari, *"Finite Elements Method for Electrical Engineers"*, Cambridge University Press, 2nd Edition, 1990.

[101] O.C. Zienkiewicz et R.L. Taylor, *"La Méthode des Eléments Finis: Formulation de Base et Problèmes Linéaires"*, AFNOR 1991.

[102] B. El Manâa, H. Mansour, B.S. Boujemâa; *"Design of a Hybrid Linear Stepper Motor for Shunting the Railways Channels"*, International Conference on Electrical Engineering and Software Applications, ICEESA'2013 (à paraître au cours de 2013).

[103] B. El Manâa, H. Mansour, B.S. Boujemâa; " *Influences Analysis of Geometrical Parameters on Propulsive Forces of LSRM* ", International Multi-Conference on Systems, Signals & Devices, SSD'2013 (à paraître au cours de 2013).

[104] P. Lorrain et D.R. Corson, *"Champs et Ondes Electromagnétiques"*, Armand Colin Collection, Paris 1979.

[105] B. El Manâa, H. Mansour, B.S. Boujemâa; *"Design of a Hybrid Linear Stepper Motor for Shunting the Railways Channels"*, International Conference on Electrical Engineering and Software Applications, ICEESA'2013 (à paraître au cours de 2013).

[106] C. Mohamed, *"Sur la Conception de la Motorisation Synchrone d'un Véhicule Electrique"*, Thèse de Doctorat en Génie Electrique, ENIS, Tunis, 2011.

[107] M. Ali, *"Estimation par la méthode des éléments finis des pertes magnétiques au sein*

d'une machine synchrone à aimants permanents", Thèse de Doctorat en Génie Electrique, ENIS, Tunis, 2009.

[108] H. Junfei, D. Yumei, L. Yaohua and J. Nengqiang, "*Analysis of Longitudinal End Effect of Singled-side Linear Induction Motor*", Proceedings of the 2008 IEEE, International Conference on Information and Automation, pp. 357-362, Zhangjiajie, China, June 20 -23, 2008.

[109] S.C. Ahn, J.H.L. Jung and S.H. Dong, "*Dynamic Characteristic Analysis of LIM Using Coupled FEM and Control Algorithm*", IEEE Transactions on Magnetics, vol. 36, N° 4, pp. 1876-1880, July 2000.

[110] E.M. Freeman and D.A. Lowther, "*Normal Force in Single-Sided Linear Induction Motors*", In Proceeding of IEE, vol. 120, pp. 1499-1506, 1973.

[111] B.T. Ooi and D.C. White, "Traction and Normal Forces in Linear Induction Motor", IEEE Transactions on Power Apparatus Systems, vol. PAS-89, pp. 638-645, 1970.

[112] Z. Yang, Y. Gu, J. Liu and Z. Trillion, "*Efficiency-Optimized Control of a Linear Induction Motor for Railway Traction*", Proceeding of International Conference on Electrical Machines and Systems, Seoul, Korea, Oct. 8~11, 2007.

[113] K. Dae-Kyong and K. Byung-Il, "*A Novel Equivalent Circuit Model of Linear Induction Motor Based on Finite Element Analysis and Its Coupling With External Circuits*", IEEE Transactions on Magnetics, vol. 42, N° 10, October 2006.

[114] H. Mansour, B. El Manâa, B.S. Boujemâa, "*Approaches of Vector Control of a LinearInduction Motor Considering End Effects*", International Journal of Engineering & Technology IJET-IJENS (à paraître au cours de 2013).

[115] H. Mansour, N.K. Med Ali and B.S. Boujemâa, "*Vector Control for Linear Induction Machine Considering End Effects Vector*", 12th International conference on Sciences and Techniques of Automatic control & computer engineering STA'2011, pp. 752-760, Sousse, Tunisia, December 18-20, 2011

[116] M. Mirsalim, A. Doroudi, and J.S. Moghani, "*Obtaining the Operating Characteristics of Linear Induction Motors: A New Approach*", IEEE Trans. Magn., vol.38, N° 2, pp. 1365-1370, March 2002.

[117] H. Mansour, N.K. Med Ali and B.S. Boujemâa, "*Quantification de l'Effet d'Extrémités dans une Machine Linéaire à Induction* ", 5ème Conférence Internationale JTEA'2008, Hammamet, 2-4 Mai, pp. 777-782, 2008.

[118] E.F. Da Silva, E.B. Dos Santos, P.C.M. Machado and M.A.A. De Oliveira, "*Dynamic Model for Linear Induction Motors*", IEEE ICIT Conference, pp. 478–482, Maribor, Slovenia, 2003.

[119] E.F. Da Silva, E.B. Dos Santos, P.C.M. Machado and M.A.A. De Oliveira, "*Vector Control for Linear Induction Motor*", IEEE ICIT Conference, pp. 518–523, Maribor, Slovenia, 2003.

[120] E.F. Da Silva, C.C. Dos Santos and J.W.L. De Nerys, "*Field Oriented Control for Linear Induction Motor Taking into Accont End Effects*", IEEE International workshop on Advanced Motion, pp. 684-694, Kawasaki, Japan, 2004.

[121] H. Mansour, N.K. Med Ali, B. El Manâa and B.S. Boujemâa; "*Control for Linear Induction Machine with Minimization of the End Effects*", First International Conference on Renewable Energies and Vehicular Technology, REVET'2012, pp.

466-471.

[122]   M.A. Nasr Khoidja and B. Ben Salah, "*A Comparison of Robustesses : Conventional PI and Fuzzy Logic Control for a Linear Induction Motor*", Journal of Studies In Informatics and Control, code ISSN 1220-1766, vol. 15, N° 2, pp. 221-232, June 2006.

[123]   M.A. Nasr Khoidja, B. Ben Salah and P. Brochet, "*Vector Control Hybrid Fuzzy-Conventional for a Linear Induction Motor*", IEEE International Power Electronics and Motion Control Conference (EPE-PEMC'2006), Portoroz, Slovenia, pp.1083-1087, 30 August-1 September 2006. IEEE-Catalog Number: 06EX1282C-ISBN: 1-4244-0121-6.

[124]   M.A. Nasr Khoidja, B. Ben Salah and P. Brochet , "*Control of Velocity for a Linear Induction Motor*", International Conference on Machine Intelligence (ACIDCA-ICMI'2005), Tozeur, pp.91-95, November 2005.

[125]   H. Mansour, N.K. Med Ali and B.S. Boujemâa, "*Direct Thrust control of a Linear Induction Motor with end Effects*", International Review of Electrical Engineering (I.R.E.E.), code ISSN 1827-6660, vol. 4, N° 4, pp. 539-546, July-August 2009.

[126]   H. Mansour, N.K. Med Ali and B.S. Boujemâa, "*Vector Control for a Linear Induction Motor with Compensation of the end effect*", International Review on Modelling and Simulations (IREMOS), code ISSN 1974-9821, vol. 4, N° 1, pp. 20-26, February 2010.

Annexe

Formulation du Champ électromagnétique dans les différentes couches du moteur linéaire

En considérant le moteur linéaire à induction, figure 1.9, les expressions des champs électromagnétiques dans une section longitudinale du moteur sont données, tout en considérant les hypothèses mentionnées dans le premier chapitre, par les équations suivantes :

1- Pour la région de l'entrefer $(0 < y < g')$:

$$H_{mx3} = \sum_{v=1}^{\infty} \frac{1}{M_v} \left\{ \begin{array}{l} \frac{K_{v2}}{\beta_v} \left[\frac{K_{v1}}{K_{v2}} \cosh(K_{v2}D_{al}) + \mu_{re} \sinh(K_{v2}D_{al}) \right].\cosh\left[\beta_v(y-g') \right] \\ - \left[\mu_{re} \cosh(K_{v2}D_{al}) + \frac{K_{v1}}{K_{v2}} \sinh(K_{v2}D_{al}) \right].\sinh\left[\beta_v(y-g') \right] \end{array} \right\} \qquad (A.1)$$
$$.\left[-\left(A_{mv}^+ e^{-j\beta_v x} + A_{mv}^- e^{j\beta_v x} \right) \right]$$

$$H_{my3} = \sum_{v=1}^{\infty} \frac{1}{M_v} \left\{ \begin{array}{l} \left[\mu_{re} \cosh(K_{v2}D_{al}) + \frac{K_{v1}}{K_{v2}} \sinh(K_{v2}D_{al}) \right].\cosh\left[\beta_v(y-g') \right] \\ - \frac{K_{v2}}{\beta_v} \left[\frac{K_{v1}}{K_{v2}} \cosh(K_{v2}D_{al}) + \mu_{re} \sinh(K_{v2}D_{al}) \right].\sinh\left[\beta_v(y-g') \right] \end{array} \right\} \qquad (A.2)$$
$$.j\left(A_{mv}^+ e^{-j\beta_v x} - A_{mv}^- e^{j\beta_v x} \right)$$

$$E_{mz3} = \sum_{v=1}^{\infty} \frac{1}{M_v} \left\{ \begin{array}{l} \left[\mu_{re} \cosh(K_{v2}D_{al}) + \frac{K_{v1}}{K_{v2}} \sinh(K_{v2}D_{al}) \right].\cosh\left[\beta_v(y-g') \right] \\ - \frac{K_{v2}}{\beta_v} \left[\frac{K_{v1}}{K_{v2}} \cosh(K_{v2}D_{al}) + \mu_{re} \sinh(K_{v2}D_{al}) \right].\sinh\left[\beta_v(y-g') \right] \end{array} \right\} \qquad (A.3)$$
$$.j\frac{\omega\mu_0}{\beta_v} \left(A_{mv}^+ e^{-j\beta_v x} + A_{mv}^- e^{j\beta_v x} \right)$$

2- Pour la région de la couche conductrice en aluminium ($g' < y < D_{al} + g'$)

$$H_{mx2} = \sum_{v=1}^{\infty} \frac{1}{M_v} \frac{K_{v2}}{\beta_v} \left\{ \begin{array}{c} \frac{K_{v1}}{K_{v2}} cosh\left[K_{v2}(y - D_{al} - g') \right] \\ -\mu_{re} sinh\left[K_{v2}(y - D_{al} - g') \right] \end{array} \right\} \cdot \left[-\left(A_{mv}^+ e^{-j\beta_v x} + A_{mv}^- e^{j\beta_v x} \right) \right] \qquad (A.4)$$

$$H_{my2} = \sum_{v=1}^{\infty} \frac{1}{M_v} \left\{ \begin{array}{c} \mu_{re} cosh\left[K_{v2}(y - D_{al} - g') \right] \\ -\frac{K_{v1}}{K_{v2}} sinh\left[K_{v2}(y - D_{al} - g') \right] \end{array} \right\} \cdot j\left(A_{mv}^+ e^{-j\beta_v x} - A_{mv}^- e^{j\beta_v x} \right) \qquad (A.5)$$

$$E_{mz2} = \sum_{v=1}^{\infty} \frac{1}{M_v} \left\{ \begin{array}{c} \mu_{re} cosh\left[K_{v2}(y - D_{al} - g') \right] \\ -\frac{K_{v1}}{K_{v2}} sinh\left[K_{v2}(y - D_{al} - g') \right] \end{array} \right\} \cdot j\frac{\omega_v \mu_0}{\beta_v} \left(A_{mv}^+ e^{-j\beta_v x} + A_{mv}^- e^{j\beta_v x} \right) \qquad (A.6)$$

3- Pour la région de l'acier ferromagnétique du secondaire ($y > D_{al} + g'$)

$$H_{mx1} = \sum_{v=1}^{\infty} \frac{1}{M_v} \frac{K_{v1}}{\beta_v} e^{-jK_{v1}(y - D_{al} - g')} \cdot \left[-\left(A_{mv}^+ e^{-j\beta_v x} + A_{mv}^- e^{j\beta_v x} \right) \right] \qquad (A.7)$$

$$H_{my1} = \sum_{v=1}^{\infty} \frac{1}{M_v} e^{-jK_{v1}(y - D_{al} - g')} \cdot j\left(A_{mv}^+ e^{-j\beta_v x} - A_{mv}^- e^{j\beta_v x} \right) \qquad (A.8)$$

$$E_{mz1} = \sum_{v=1}^{\infty} \frac{1}{M_v} e^{-jK_{v1}(y - D_{al} - g')} \cdot j\frac{\omega_v \mu_0 \mu_{re}}{\beta_v} \left(A_{mv}^+ e^{-j\beta_v x} + A_{mv}^- e^{j\beta_v x} \right) \qquad (A.9)$$

Avec :

$$M_v = \left\{ \begin{array}{c} \frac{K_{v2}}{\beta_v} \left[\frac{K_{v1}}{K_{v2}} cosh(K_{v2} D_{al}) + \mu_{re} sinh(K_{v2} D_{al}) \right] \cdot cosh(\beta_v g') \\ + \left[\mu_{re} cosh(K_{v2} D_{al}) + \frac{K_{v1}}{K_{v2}} sinh(K_{v2} D_{al}) \right] \cdot sinh(\beta_v g') \end{array} \right\} \quad ; \quad \beta_v = v\frac{\pi}{\tau} \quad ;$$

$$K_{v1} = \sqrt{\alpha_{v1}^2 + \beta_v^2} = \left(a_{RvFe} + ja_{xvFe} \right) k_{vFe} \quad ; \quad K_{v2} = \sqrt{\alpha_{v2}^2 + \beta_v^2} = \left(a_{RvAl} + ja_{xvAl} \right) k_{vAl} \quad ;$$

$$a_{RvFe} = \frac{Re\left[K_{v1} \right]}{k_{vFe}} \quad ; \quad a_{xvFe} = \frac{Im\left[K_{v1} \right]}{k_{vFe}} \quad ;$$

$$a_{RvAl} = \frac{Re\left[K_{v2} \right]}{k_{vAl}} \quad ; \quad a_{xvAl} = \frac{Im\left[K_{v2} \right]}{k_{vAl}} \quad ;$$

$$k_{vFe} = \sqrt{\frac{\omega_v \mu_0 \mu_{rs} \sigma_{Fe}}{2}} \quad ; \quad k_{vAl} = \sqrt{\frac{\omega_v \mu_0 \sigma_{Al}'}{2}} \quad ;$$

$$\alpha_{v1} = \sqrt{j\omega_v \mu_0 \mu_{rs} \sigma_{Fe}} \quad ; \quad \alpha_{v2} = \sqrt{j\omega_v \mu_0 \sigma_{Al}'} \quad ;$$

De plus, la densité de courant linéaire du primaire, la pulsation et le glissement sont exprimés de la façon suivante :

− Pour les grandeurs directes :

$$A_{mv}^+ = \frac{mNk_{wv}\sqrt{2}I}{p\tau}e^{\left[j(v-1)\frac{m-1}{m}\pi\right]} \; ; \; \omega_v^+ = s_v^+\omega = 2\pi fs_v^+ \; ; \; s_v^+ = 1-v(1-s) \; ;$$

− Pour les grandeurs inverses :

$$A_{mv}^- = \frac{mNk_{wv}\sqrt{2}I}{p\tau}e^{\left[-j(v+1)\frac{m-1}{m}\pi\right]} \; ; \; \omega_v^- = s_v^-\omega = 2\pi fs_v^- \; ; \; s_v^- = 1+v(1-s) \; ;$$

Si on ne tient compte que du premier harmonique d'espace de la force magnétomotrice du primaire ($v = 1$), on aura :

1- Pour la région de l'entrefer $(0 < y < g')$:

$$H_{mx3} = -\frac{A_m e^{-j\beta x}}{M}\left\{ \begin{array}{l} \frac{K_2}{\beta}\left[\frac{K_1}{K_2}cosh(K_2D_{al})+\mu_{re}sinh(K_2D_{al})\right].cosh\left[\beta(y-g')\right] \\ -\left[\mu_{re}cosh(K_2D_{al})+\frac{K_1}{K_2}sinh(K_2D_{al})\right].sinh\left[\beta(y-g')\right] \end{array} \right\} \quad (A.10)$$

$$H_{my3} = \frac{jA_m e^{-j\beta x}}{M}\left\{ \begin{array}{l} \left[\mu_{re}cosh(K_2D_{al})+\frac{K_1}{K_2}sinh(K_2D_{al})\right].cosh\left[\beta(y-g')\right] \\ -\frac{K_2}{\beta}\left[\frac{K_1}{K_2}cosh(K_2D_{al})+\mu_{re}sinh(K_2D_{al})\right].sinh\left[\beta(y-g')\right] \end{array} \right\}$$

(A.11)

$$E_{mz3} = \frac{j\omega\mu_0 A_m e^{-j\beta x}}{\beta M}\left\{ \begin{array}{l} \left[\mu_{re}cosh(K_2D_{al})+\frac{K_1}{K_2}sinh(K_2D_{al})\right].cosh\left[\beta(y-g')\right] \\ -\frac{K_2}{\beta}\left[\frac{K_1}{K_2}cosh(K_2D_{al})+\mu_{re}sinh(K_2D_{al})\right].sinh\left[\beta(y-g')\right] \end{array} \right\}$$

(A.12)

2- Pour la région de la couche conductrice en aluminium ($g' < y < D_{al} + g'$)

$$H_{mx2} = -\frac{A_m K_2 e^{-j\beta x}}{M\beta}\left\{\frac{K_1}{K_2}cosh\left[K_2(y-D_{al}-g')\right]-\mu_{re}sinh\left[K_2(y-D_{al}-g')\right]\right\}$$

(A.13)

$$H_{my2} = \frac{jA_m e^{-j\beta x}}{M}\left\{\mu_{re}cosh\left[K_2(y-D_{al}-g')\right]-\frac{K_1}{K_2}sinh\left[K_2(y-D_{al}-g')\right]\right\} \quad (A.14)$$

$$E_{mz2} = \frac{j\omega\mu_0}{\beta M} A_m e^{-j\beta x} \left\{ \mu_{re} \cosh\left[K_2(y - D_{al} - g') \right] - \frac{K_1}{K_2} \sinh\left[K_2(y - D_{al} - g') \right] \right\} \quad \text{(A.15)}$$

3- Pour la région de l'acier ferromagnétique du secondaire ($y > D_{al} + g'$)

$$H_{mx1} = -\frac{A_m}{M}\frac{K_1}{\beta} e^{-j\beta x} e^{-jK_1(y - D_{al} - g')} \quad \text{(A.16)}$$

$$H_{my1} = -\frac{jA_m}{M} e^{-j\beta x} e^{-jK_1(y - D_{al} - g')} \quad \text{(A.17)}$$

$$E_{mz1} = \frac{j\omega\mu_0\mu_{re}A_m}{\beta M} e^{-j\beta x} e^{-jK_1(y - D_{al} - g')} \quad \text{(A.18)}$$

More Books!

yes

Oui, je veux morebooks!

I want morebooks!

Buy your books fast and straightforward online - at one of the world's fastest growing online book stores! Environmentally sound due to Print-on-Demand technologies.

Buy your books online at
www.get-morebooks.com

Achetez vos livres en ligne, vite et bien, sur l'une des librairies en ligne les plus performantes au monde!
En protégeant nos ressources et notre environnement grâce à l'impression à la demande.

La librairie en ligne pour acheter plus vite
www.morebooks.fr

OmniScriptum Marketing DEU GmbH
Heinrich-Böcking-Str. 6-8
D - 66121 Saarbrücken
Telefax: +49 681 93 81 567-9

info@omniscriptum.com
www.omniscriptum.com

OMNIScriptum

MIX
Papier aus verantwortungsvollen Quellen
Paper from responsible sources
FSC® C105338
FSC
www.fsc.org

Printed by Books on Demand GmbH, Norderstedt / Germany